Darwin

Pascal Picq

Darwin

E A EVOLUÇÃO EXPLICADA AOS NOSSOS NETOS

Tradução
Lineimar Pereira Martins

Título original: *Darwin et l'évolution expliqués à nos petits-enfants*

Direitos de publicação reservados à:

Fundação Editora da Unesp (FEU)
Praça da Sé, 108
01001-900 – São Paulo – SP
Tel.: (0xx11) 3242-7171
Fax: (0xx11) 3242-7172
www.editoraunesp.com.br
www.livrariaunesp.com.br
feu@editora.unesp.br

CIP – Brasil. Catalogação na publicação
Sindicato Nacional dos Editores de Livros, RJ

P666d

Picq, Pascal
Darwin: e a evolução explicada aos nossos netos / Pascal Picq; tradução Lineimar Pereira Martins. – 1. ed. – São Paulo: Editora Unesp, 2015.

Tradução de: Darwin et l'évolution expliqués à nos petits-enfants
ISBN 978-85-393-0595-7

1. Citologia. 2. Biologia molecular. 3. Genética molecular. I. Título.

15-23378 CDD: 574.87
CDU: 576

Editora afiliada:

Sumário

Meus filhos estão muito grandes agora e foram tão alimentados por minhas histórias de paleantropólogo, de pesquisador que se interessa pelas origens do homem, que este livro não lhes concerne tanto. Eles cresceram envoltos no maior de todos os relatos: o da evolução. Apesar disso, esta obra se inspira em suas numerosas observações, às vezes em suas indignações diante das incoerências que seus professores afirmavam sobre a evolução e muito particularmente sobre o homem, desde os pequenos bancos da escola primária de ontem até os anfiteatros da universidade de hoje.

Já faz muito tempo que minha filha, a mais velha dos três, conta essa pequena anedota ocorrida com sua professora que termina a aula dizendo às crianças que “amanhã nós veremos como o homem descende do macaco”. Minha filha lhe responde: “Senhora, o homem não descende do macaco!” A professora: “Você não acredita na evolução; você acha que os homens e as mulheres descendem de Adão e Eva...” Minha filha: “Claro que não. O homem faz parte dos macacos e dentre todos os macacos, alguns são mais próximos de nós, como os chimpanzés, com os quais compartilhamos um ancestral comum”. Surpresa da professora e, no final, fui eu quem deu a aula. Depois de pouco mais de uma década, agora estudante de Medicina, minha filha me conta os argumentos aberrantes de meus colegas universitários sobre a evolução ou, em outras palavras, sobre o homem e a vida.

Meus dois filhos mais jovens sempre me dizem que ouvem diversos clichês errôneos e inexatos sobre a evolução, mas como se orientaram para carreiras menos biológicas, enfrentam tais situações com menos frequência, o que também reflete uma mudança marcante no decorrer dos últimos anos: os professores hesitam cada vez mais em abordar essa questão. Isso se deve a duas razões: em primeiro lugar, eles não foram devidamente formados e não poderíamos recriminá-los por isso; em seguida, o pequeno diálogo evocado acima entre minha filha e sua professora teve uma evolução dramática, e algumas vezes violenta, com a volta dos fundamentalismos religiosos. Fatos inacreditáveis, algumas vezes os pais intervêm para contestar a aula de Ciências, o que é um golpe intolerável contra a laicidade, ou até mesmo estudantes universitários protestam a ponto de interromper uma aula de Biologia, como ocorreu certa vez em Lyon.

Por que a mais magnífica das histórias suscita tanta incompreensão e até mesmo contestações? Ainda há alguns anos, quando eu dava aulas, do primário ao vestibular, observava os olhos dos alunos brilharem ao começar a compreender um relato científico simples e ao mesmo tempo complicado.

Quando Jean-Marc Lévy-Leblond me pediu para escrever um livro para esta bela coleção, lembrei-me de todos esses momentos de alegria dos jovens alunos ao descobrirem e começarem a compreender o que é a evolução. Fico maravilhado com a racionalidade desses jovens quando refazem espontaneamente o caminho do pensamento dos imensos eruditos que contribuíram pacientemente com a construção da teoria da evolução. Pois é simples: deve-se observar, comparar, classificar as espécies animais e em seguida tentar compreender. É um formidável exercício de liberdade intelectual, de descoberta e de discussão. Eureca! Quem disse que a ciência tira o encanto do mundo? Com certeza um ignorante, pois todos os medos alimentam-se da ignorância e das ignorâncias fomentadas.

Por que dedicar este livro a *nossos* netos e não somente a *meus* (futuros) netos? A resposta deve-se à evolução, pois, como veremos, ela não é uma longa série de catástrofes, não é a sobrevivência do mais apto, e muito menos a lei do mais forte: trata-se simplesmente da "descendência com modificação". Como? Esse é o objeto desta obra. Compreender a evolução, prezados netos, é fazer que vocês também tenham netos, e que eles também os tenham, até o dia em que, talvez, no decorrer da descendência com modificação, emergirá outra espécie de homem, ou várias, ou... nenhuma, pois ninguém sabe o que será nossa evolução.

Foulangues, outubro de 2008.

Prólogo

– Disseram-me que você é paleantropólogo. O que é a sua profissão?

– Eu sou pesquisador e me interesso pelas origens e evolução do homem ou, para ser mais preciso, pela história natural do homem.

– Então você estuda os homens pré-históricos. Por conseguinte, a paleantropologia seria como a pré-história?

– Não totalmente. É verdade que temos o mau hábito de chamar os animais extintos, dinossauros, dentes-de-sabre ou mamutes, de "animais pré-históricos", o que quer dizer com certa frequência "antes dos homens", mas isso não é muito exato, já que os mamutes viviam lado a lado com nossos ancestrais, os homens de Cro-Magnon, sem nos esquecermos dos dentes-de-sabre, contemporâneos de homens mais antigos como os *Homo erectus*. A pré-história é toda a história dos homens antes da invenção da escrita, que abre justamente a História. A pré-história estuda o que se relaciona às atividades dos homens pré-históricos: as ferramentas, os vestígios de habitação, mas também as sepulturas ou a arte rupestre. A paleantropologia trata mais precisamente da evolução do corpo dos homens fósseis.

– *O que é um fóssil?*

– Fóssil quer dizer "o que vem do solo". Os paleontólogos e os paleantropólogos escavam o solo para descobrir vestígios às vezes muito antigos das atividades humanas, como ferramentas de pedra lascada, ou ossos que são chamados de fósseis. Meu trabalho de paleantropólogo consiste em estudar o crânio, as mandíbulas e os dentes de nossos distantes ancestrais, a fim de reconstituir quem eles eram e como viviam.

– E existem muitos desses ancestrais do homem?

– Muitos! Muito mais do que se imaginava há ainda uma dezena de anos. Inclusive tenho certeza de que você pode citar vários deles.

– Tem o Cro-Magnon, o homem de Neandertal, Lucy, Toumai, Homo erectus... *Existem outros?*

– Muitos outros. De fato, faz pouco tempo que sabemos que sempre existiram paralelamente, no decorrer de nossa longa história evolutiva, diversos tipos de homens fósseis, ou de australopitecos como Lucy. Há somente 30 mil anos que apenas um único tipo de homem subsiste sobre a Terra, em outras palavras, nós, os *Homo sapiens*.

– Você disse 30 mil anos? Mas é muito tempo!

– Sem dúvida nenhuma com relação à sua idade, à minha ou à das primeiras escrituras. Mas isso não é nada na escala da história da vida que se conta em centenas de milhares de anos. Foi ontem 30 mil anos se considerarmos que nós, os *Homo sapiens*, surgimos há mais de 200 mil anos pelos lados da África e do Oriente Próximo. Quando não se está acostumado, esse tempo parece vertiginoso. Mas, para mim, o mais fascinante é pensar que há relativamente pouco tempo, digamos

50 mil anos, diversos tipos de homens coexistiam e se encontravam.

– Que homens?

– Nós, os homens de Cro-Magnon, vivemos com os homens de Neandertal no Oriente Próximo ou com os homens de Solo em Java. Desde então, todos esses outros homens desapareceram, assim como muitas outras espécies, como os mamutes, os ursos das cavernas, os dentes-de-sabre, os alces gigantes, os auroques etc.

– O homem, você quer dizer, nossa espécie, é o responsável por essa extinção?

– Ele interferiu de alguma forma, com certeza, mas sua influência é difícil de estabelecer. De qualquer forma, nossos ancestrais Cro-Magnon agiam para sua sobrevivência e não tinham consciência das possíveis consequências de suas ações sobre a extinção dos últimos grandes mamíferos, já bastante fragilizados pelo aquecimento climático natural que começou há 12 mil anos.

– Mas então é isso a evolução! Não? Não é a lei do mais forte?

– É o que ouvimos com frequência. A evolução é ao mesmo tempo uma teoria científica que explica o que é a vida, e também um grande relato que reconstitui sua história. O homem atual e até mesmo todos os homens fósseis aparecem muito tarde na história da vida. Toda a diversidade dos seres vivos que nos envolvem decorre dessa grande história natural que é a evolução. Se não se conhece essa evolução, não se pode compreender o que são a "sexta extinção" e suas possíveis consequências sobre o futuro da humanidade: consequentemente, seu futuro e o do nosso belo planeta.

– Você me explica isso, então?

Durante a viagem com o navio *Beagle,* Charles Darwin, com 22 anos, se revela um observador atento, contribuindo para a descoberta de novas espécies.

O que é a evolução?

Das espécies fixas à ideia de evolução

– *O que é a evolução?*

– Significa que as espécies mudam no decorrer do tempo.

– *Certo! Mas o que é uma espécie?*

– Você conhece a expressão: "Filho de peixe, peixinho é"? Você não encontra nenhuma dificuldade em distinguir cachorros e gatos, mesmo que exista uma espetacular diversidade de cachorros e também de gatos. Você não confunde um cavalo com um burro, ou um tigre com um leão. Por outro lado, você teria certa dificuldade com os macacos, como os babuínos, embora você saiba distinguir o chimpanzé, o orangotango e o gorila. A partir do momento em que conhecemos um pouco os animais, nós os classificamos em espécies bem distintas, às quais atribuímos nomes.

– Isso parece bastante óbvio.

– Não devemos nos deixar levar pelas aparências. "Espécie" deriva do latim *species*, o que quer dizer o aspecto ou a aparência de coisas ou de indivíduos e, subsequentemente, de uma categoria. As religiões do *Livro*, ou seja, a *Bíblia*, transformaram-na em criação de Deus e, por conseguinte, em uma categoria eterna. É aqui que encontramos a noção de *ideia* que vem da filosofia grega. Uma ideia representa em nosso cérebro algo que vemos ou percebemos e que é eterno. Uma ideia nunca muda.

– No entanto, podemos mudar de ideia?

– Podemos renunciar a uma ideia para aceitar outra, mas as ideias nunca mudam, é você quem muda de ideia. Todo o problema da teoria da evolução será o de se confrontar com ideias vindas das religiões, das filosofias e até mesmo das ciências.

– *Então, o que é uma espécie viva, também é uma ideia?*

– Você sabe que os animais de uma mesma espécie se reproduzem entre si: cães fazem cãezinhos, gatos fazem gatinhos etc. É a definição da "espécie biológica" que reúne todos os indivíduos capazes de se reproduzirem entre si. Assim, nas ciências naturais, uma espécie se define pelo fato de que os indivíduos podem se reproduzir entre si, ou seja, define-se por uma "ideia".

Mas na cultura do mundo ocidental herdada da filosofia grega clássica e do pensamento cristão, as espécies vivas, como os animais, correspondiam a categorias eternas ou a formas fixas, como as ideias. Evidentemente, os indivíduos diferem uns dos outros, eles são imagens imperfeitas de uma forma eterna e perfeita. Para os gregos, o mundo se compõe de um número limitado de formas ou de espécies e, para a religião cristã, as espécies, tendo sido criadas por Deus, só podem ser fixas. Consequentemente, elas não podem mudar, elas não podem evoluir!

– *Estou entendendo o problema! Se a evolução é a modificação de espécies que são fixas, não vai ser fácil. O que vai acontecer?*

– Na Europa da cristandade, tudo o que existe foi desejado pelo Criador. As espécies são fixas, o que chamamos de *fixismo*. Essa será a visão do mundo até o século XVIII. Nessa época existe um grande entusiasmo pela natureza, considerada como um templo divino. É nesse contexto que nasce a história natural.

– *Isso tem relação com a ciência?*

– As desagradáveis brigas entre a ciência e a religião acalmaram-se desde o caso Galileu no século XVII. A descoberta das leis da natureza, como a de Newton sobre a gravitação natural, honra a inteligência do Criador, também chamado de o "Grande Relojoeiro" ou o "Supremo Geômetra". A riqueza e a diversidade da natureza suscitam muita admiração. As espécies parecem ter sido criadas, bem como perfeitamente adaptadas a seu ambiente, o que chamamos de "Providência" na França ou de "teologia natural" na Inglaterra.

Um termo impelido a evoluir

– *Quando, então, surge a ideia de evolução?*

– Esse é um termo da linguagem corrente que evoca o que muda de modo regular e ordenado. Aparece na história natural no século XVIII nos escritos de Charles Bonnet, naturalista e filósofo suíço que se interessa pelo desenvolvimento dos organismos. Ele acha que o indivíduo, como um pequeno humano ou um pequeno camundongo, é pré-formado em um estado minúsculo e seu desenvolvimento "desenrola" um programa. É o sentido da palavra *evolvere*. "Evolução" exprime a ideia de que um indivíduo muda no decorrer de sua vida: desde sua concepção, passando pelo nascimento e até a sua morte, o que chamamos de ontogênese, de *ontos*, que quer dizer indivíduo ou ser em grego, e de *genesis*, que significa formação. Por conseguinte, de sua concepção até a sua morte, um indivíduo se desenvolve e cresce de acordo com um programa. É exatamente nesse sentido que a primeira definição do termo "evolução" deve ser compreendida nas ciências da vida, o que supõe um esquema que se desenvolve, que se diz *evolutio* em latim.

– Mas sabemos que os indivíduos mudam no decorrer de suas vidas.

– É uma evidência para todo mundo e para todos os indivíduos, mas não para as espécies. O termo "evolução" se aplica às transformações lentas, sucessivas e graduais de um organismo de acordo com um esquema, e esse esquema é próprio a cada espécie. Os eruditos começaram, então, a pesquisar o que governa a diversidade das espécies: assim, nasce a história natural com uma disciplina muito importante, a *sistemática*.

Para um sistema da natureza

– Isso quer dizer que existe um sistema na natureza?

– Tem um pouco disso. A ideia é obter uma representação ordenada da diversidade das coisas da natureza. O objetivo da sistemática é observar, comparar e classificar. Carlos Lineu, grande naturalista sueco, foi o primeiro a propor uma classificação dos animais que inclui o homem. Em seu *Systema naturae*, publicado em 1758, ele classifica o homem e os macacos na ordem dos primatas, o que quer dizer os "primeiros". Nessa ordem também se encontram os dóceis lêmures de Madagascar e... a preguiça.

– Que legal! Isso deve ter provocado um grande escândalo.

– Nem tanto. Lineu, como seus contemporâneos, é crente. Como dirá Buffon: "Deus criou, Lineu classificou". Assim, se o homem se parece com o macaco, ou melhor, se os macacos se parecem com o homem, é porque essa foi a vontade do Criador, o homem sendo evidentemente o único à Sua imagem. Mas, por um dos acasos da história, é também nessa época que os primeiros chimpanzés e os primeiros orangotangos chegam à Europa. Eles fascinam os naturalistas e principalmente os filósofos.

– Por quê? Os macacos já eram conhecidos, não?

– Os macacos são conhecidos pelos europeus há muito tempo. Principalmente o *Macaca sylvanus*, os "macacos-de-Gibraltar", como eram chamados no norte da África. Com as grandes viagens e a paixão naturalista, eles ficam cada vez mais conhecidos, vindos da África, da Ásia e das Américas Central e do Sul. Então, um pouco de ciência: os macacos são mamíferos – uma classe de animais com sangue quente, cobertos de pelos, com fêmeas que possuem mamilos para amamentar seus filhotes – que vivem nas árvores. Eles possuem quatro membros, todos terminados por cinco dedos que possuem unhas. O primeiro dedo da mão ou do pé é mais curto – com duas falanges em vez de três –, mais potente e pode se afastar, o que permite segurar os galhos, mas também frutas e qualquer tipo de objeto. Comparado a outros mamíferos, o crânio dos macacos possui um cérebro desenvolvido e uma face curta. Os olhos se situam logo ao lado da raiz do nariz, o que permite uma ótima visão de perto. Os macacos têm uma excelente visão de dia, mas muito medíocre à noite; seu sistema visual distingue muito bem os relevos e as cores. Devido à proximidade dos olhos na parte frontal, eles não têm mais focinho nem "trufa", pois os macacos possuem um nariz com duas narinas bem delimitadas. Os longos pelos da ponta do focinho, que chamamos de vibrissas, também sumiram, mas são muito desenvolvidos nos gatos. Enfim, a dentição da maioria dos macacos adultos chega aos 32 dentes, como a nossa.

– Mas o que os chimpanzés e os orangotangos têm de especial?

– No chimpanzé e no orangotango, encontramos todas as características dos macacos que citei, mas com outras características que os aproximam ainda mais de nós. As mais evidentes se referem ao busto. Os que serão chamados de grandes macacos no século XIX – os chimpanzés, os orangotangos e os gorilas – têm uma caixa torácica pouco profunda entre o esterno e a coluna vertebral, mas larga entre os flancos. As omoplatas se situam nas costas e, graças a uma longa clavícula, têm articulações no ombro que permitem estender o braço por cima da cabeça: os grandes macacos podem se segurar em galhos, suspensos por seus longos braços. Enfim, os quadris são muito curtos e o rabo desapareceu reduzindo-se ao cóccix.

– Então eles se parecem mais com a gente do que com os outros macacos.

– Os naturalistas do século XVIII não tinham deixado escapar isso, começando por Lineu. Ele inclusive transformará esses macacos em "homens" ao chamá-los de *Homo*: *Homo sylvestris* ou então *Homo nocturnus*, o que quer dizer homens selvagens ou homens da obscuridade.

Classificar e nomear

– Por que esses estranhos nomes latinos?

– Lineu teve uma ideia genial: atribuir dois nomes latinos a cada espécie. Assim, desde a publicação do seu *Systema naturae* em 1758, o homem, nossa espécie, chama-se *Homo sapiens*, o que quer dizer "o homem sábio" ou "que sabe". O cavalo é *Equus caballus*, o lobo, *Canis lupus*, o leão, *Panthera leo* etc.

– Não entendo o que é tão genial, como você diz. Por que dar dois nomes complicados para espécies que já têm nomes em nossa língua?

– É aí que se encontra todo o problema. Cada povo tem sua língua e sua história com os animais selvagens e domésticos de sua cultura. Por exemplo, você sabe que o Saint Peter e a tilápia são o mesmo peixe?[1] Se você estiver de férias na Bretanha ou no Mediterrâneo, o mesmo peixe não terá o mesmo nome em todos os mercados. Na França, existem nomes para descrever as diferentes idades das vacas: bezerro, novilho, boi, touro etc. Agora, tente falar sobre vacas com um esquimó... Por outro lado, ele utiliza várias palavras para descrever as focas. Voltando aos macacos, nós temos somente uma palavra para designá-lo – macaco –, enquanto a língua inglesa distingue os macacos com rabo – *monkey* – dos macacos sem rabo – *ape*. Se

1 No original, *cabillaud* e *morue*, duas designações para as espécies conhecidas no Brasil como bacalhau. (N. E.)

você for à África central, como no Gabão, ou à Amazônia, as diferentes populações possuem um vocabulário muito mais rico que o nosso para nomear as diferentes espécies de macacos. Agora você entende a ideia genial de Lineu: ao atribuir nomes universais tomados de uma língua morta, o latim, todo mundo sabe de que espécie se está falando, qualquer que seja sua língua ou sua cultura.

– *Com o Google deve ser genial!*

– Lineu não tinha pensado no Google, nem nos motores de pesquisa atuais, mas você entendeu direitinho a que ponto essa taxonomia binomial é útil.

– *Essa o quê?*

– A taxonomia é a disciplina que, nas ciências naturais, trata de atribuir nomes às espécies e também às diferentes categorias de classificações que chamamos de táxons. A taxonomia binomial quer dizer que se atribuem dois nomes latinos a uma espécie: um nome para o gênero e um nome para a espécie. O homem atual se chama *Homo sapiens*: *Homo* para o gênero e *sapiens* para a espécie.

– *Por que não simplesmente* sapiens, *ou* Homo?

– Existem diversas razões. Mas não esqueça que as classificações são feitas para ordenar a diversidade das espécies. Hoje, na Terra, vive apenas uma espécie de homem, *Homo sapiens*; há 40 mil anos coexistiam várias espécies: *Homo sapiens, Homo neanderthalensis, Homo soloensis* e *Homo floresiensis*. Poderíamos nos contentar em dizer que são neandertalenses, habitantes da Ilha de Java ou então da Ilha de Flores. Mas não seria muito exato. Diremos, aliás, os homens modernos, os homens de Neandertal, os homens de Solo e os homens de Flores. É necessário especificar "homens de..." para indicar que se está designando homens diferentes, mas acima de tudo, homens. Pense, por exemplo, nos ursos: você não diz cavernas, pretos, pirenaicos, pardos, brancos, mas ursos das cavernas, ursos brancos, ursos pardos. Mais uma vez, Lineu esclarece hábitos que se encontram em todas as línguas, mas com usos mais ou menos precisos. Ordenar espécies em categorias da linguagem é universal, e essas categorias são frequentemente próximas entre as culturas. Lineu transformou tal ato em ciência.

Das espécies às classificações

– *Você falou de espécie e também de gênero e até mesmo de táxon; o que é tudo isso?*

– Deixe-me ressaltar que isso é muito importante, que a *espécie biológica* reúne *o conjunto dos indivíduos que podem se reproduzir entre si*. E depois, como vimos, existem espécies que são próximas e que são reagrupadas em um *gênero*. No que diz respeito aos grandes felinos, foram reunidos no mesmo gênero o leão, o tigre, a pantera ou ainda o jaguar que se chamam respectivamente *Panthera leo, Panthera tigris, Panthera panthera e Panthera onca*. Esses são os grandes felinos que rugem. Em outro gênero, temos o grande grupo dos gatos do gênero *Felix*, como o gato-do-mato, o lince, o gato doméstico, e muitos outros gatos selvagens cujos nomes latinos não são necessários agora.

– *O que se faz com todos esses gêneros?*

– São colocados juntos para constituir uma categoria, ou táxon, mais ampla, que chamamos de família. Todos os "gatos" evocados formam a família dos felinos ou felídeos, um termo que você conhece bem, sem saber que é uma família.

– Tenho certeza de que nesse pequeno jogo você reagrupa famílias, e no que dá tudo isso?

– Exatamente. A família dos felídeos se reúne com a dos hienídeos, dos canídeos (lobos, cães, raposas, cães selvagens...), dos ursídeos (ursos, pandas) e algumas outras para constituir um enorme táxon chamado de ordem: os carnívoros. Uma ordem se define por uma característica particular e, no caso dos carnívoros, são os dentes que permitem cortar a carne e os tendões, e é o que chamamos de carniceiros.

– E é a mesma coisa para o homem e os macacos?

– O homem também pertence a uma ordem, a dos primatas, a dos mamíferos adaptados à vida nas árvores. Você quer que eu lhe dê a carteira de identidade natural do homem?

– Pode falar.

– Na natureza atual, todas as mulheres e todos os homens pertencem a uma única espécie, *Homo sapiens*. Em seguida, as mais próximas são as duas espécies de chimpanzés, *Pan troglodytes* e *Pan paniscus,* que pertencem ao gênero *Pan,* depois vêm os gorilas *Gorilla gorilla*. Acima do gênero se situa a família dos hominídeos, que compreende evidentemente os gêneros *Homo, Pan* e *Gorilla* ou, em outras palavras, a linhagem dos grandes macacos africanos. Acima da família, temos a superfamília dos hominoideos com a família dos hominídeos e a dos pongídeos, a família dos grandes macacos asiáticos com os orangotangos. Podemos continuar assim até a ordem dos primatas, atualmente enriquecida com aproximadamente duzentas espécies.

– É como as bonecas russas.

– Não exatamente, porque cada táxon de uma posição superior não compreende um – como as bonecas russas –, mas vários táxons de posição inferior, e assim sucessivamente.

– Mas para que serve classificar essas espécies e todos esses táxons?

– No século XVIII, o objetivo era organizar inteligentemente a diversidade da natureza, reflexo do gênio do Criador. Hoje, sabemos que essas classificações são a consequência de uma longa história: a evolução.

Para a transformação das espécies

– A partir de quando se compreende que as espécies não são fixas?

– Isso vai levar algum tempo. Georges Buffon, autor de uma grande *História natural,* é um dos primeiros a entender que a Terra tem uma longa história e que no decorrer do tempo as espécies se modificaram. Ele se interessa também por uma nova ciência que se dedica à história da Terra: a Geologia. Ele é um dos primeiros a pensar e a escrever que a Terra é bem mais antiga do que os 6 mil anos atribuídos pela Bíblia. Isso lhe causará alguns problemas com os teólogos. Porém, as observações científicas dos naturalistas apresentam cada vez mais provas da antiguidade do nosso planeta. É a descoberta do "tempo profundo", esse tempo que, como diz Buffon, é "o grande operário da natureza". Com o tempo profundo, as espécies têm tempo para se modificarem. Buffon não é o único que contribui para esse formidável avanço do conhecimento, mas devemos a ele três conceitos fundamentais para a teoria da evolução: ele dá uma definição mais clara da espécie biológica baseada na reprodução; ele abre o tempo profundo que torna as mudanças possíveis;

ele enuncia pela primeira vez a ideia de que as espécies não são fixas.

– Ele não fala de evolução?

– Muitos naturalistas como, na Inglaterra, Erasmus Darwin, o avô de Charles, e eruditos como Maupertuis, na França, evocam a transformação ou a transmutação das espécies. Era uma questão em voga, como dizemos, apesar de eles não saberem como explicar tais modificações. Com Buffon, surge a ideia de que a diversidade dos indivíduos de uma espécie permite mudanças graduais no decorrer do tempo. Contudo, não se conhece a origem dessas diferenças entre os indivíduos e a ideia mais lógica é ver, ali, uma influência do meio.

– Então, quem realmente inventa a evolução e quando?

– Foi um discípulo de Buffon: Jean-Baptiste de Lamarck. Entre a obra do mestre e a do seu discípulo, a sociedade francesa mudou consideravelmente, em particular com a Revolução de 1789 e todos os regimes políticos que se sucedem, como o Primeiro Império.

Lamarck e a transformação das espécies

– *Tudo acontece na França?*

– Evidentemente, não. Lineu era sueco e a paixão naturalista anima todos os belos espíritos da Europa. Mas o Museu de História Natural de Paris se impõe como o maior estabelecimento científico na época. Lamarck pertence à pequena nobreza. Ele deveria integrar a carreira militar, mas um ferimento o afasta desse destino. Então, como todas as pessoas cultas e de boa formação, ele se interessa pelas coisas da natureza. E não demorou muito para que tivesse belos encontros, como com Jean-Jacques Rousseau e Georges Buffon, que o introduziu no *Jardin du Roy*, o futuro museu. Depois da revolução, Lamarck e alguns colegas fundam os estatutos modernos do Museu Nacional de História Natural. Ali, ele se torna titular da cadeira dos animais invertebrados. Muito rapidamente ele se vê confrontado à ambição de alguns colegas, entre eles Georges Cuvier. É nesse contexto que ele publica *A filosofia zoológica*, em 1809.

– *É nesse livro que ele propõe sua teoria da evolução?*

– Ele já tinha abordado a questão da transformação das espécies em outras publicações. Inclusive, é ele quem inventa o termo "biologia" para as ciências da vida. Com Lamarck, a história natural, até então puramente descritiva e contemplativa, torna-se um campo de pesquisa independente que se inscreve em um contexto geral muito movimentado com a emergência de outras ciências, como as ciências da Terra, a Geologia, sem nos esquecermos da Química, com Lavoisier, ou da Física, com Laplace e muitos outros.

– Então, as ideias de Lamarck chegam na hora certa?

– Sim, de um ponto de vista científico; não, de um ponto de vista político.

– Por quê?

– Para permanecer firme no poder, Napoleão precisa assegurar um mínimo de apoio da Igreja. Ele costumava dizer, para quem quisesse ouvir, e principalmente para os eruditos, "não mexam com a minha Bíblia!". Lamarck, totalmente tomado por suas pesquisas, nem se dá conta dos problemas que sua teoria pode levantar de um ponto de vista político.

– *Mas que teoria é essa?*

– Nós a chamamos de transformismo ou teoria da transformação das espécies. Para apresentá-la, evocamos a história clássica da girafa. Nessa época, os anatomistas sabem que todos os mamíferos possuem um pescoço composto de sete vértebras cervicais. Então, como a girafa adquiriu um pescoço tão longo? Lamarck supõe que os ancestrais das girafas tinham evidentemente um pescoço mais curto. Mais tarde, devido a circunstâncias não explicadas, o meio se altera e a coroa das árvores fica mais alta. Os ancestrais das girafas têm dificuldade de alcançar as folhas para se alimentarem.

– *O que acontece?*

– Como todas as espécies, essa possui uma "tendência a se aperfeiçoar", que não é consciente, mas ao mobilizar essa faculdade, ou seja, ao se esforçar para alongar o pescoço, ou seja, ao mudar seus hábitos, os ancestrais das girafas adquirem um pescoço mais longo e se tornam, assim, girafas. Mais tarde, toda a descendência herdará essa característica e a transmitirá às gerações seguintes: é o transformismo!

– *E para o homem?*

– Sem se aprofundar muito sobre essa questão do homem, Lamarck escreve no fim de *A filosofia zoológica* que se, por acaso, um quadrúmano – um macaco com quatro patas – se encontrasse fora da floresta, ele poderia se levantar e se tornar bímano, um grande macaco que anda em pé, um bípede, consequentemente, um homem.

– Isso eu sabia. Eu li sobre isso e principalmente vi em filmes como A odisseia da espécie.

– É aí que se encontra todo o problema dessa concepção ingênua da evolução, sobretudo quando abordamos a questão das origens do homem. Lamarck, como muitos outros depois dele e até os dias de hoje, retoma o esquema linear e hierárquico da organização das espécies herdado do grande filósofo Aristóteles e que atravessa toda a história do pensamento ocidental: a escala natural das espécies ou *scala natura*.

– Isso também eu sei: é a longa série de espécies que começa pelas formas de vida mais simples, à esquerda, e continua com espécies cada vez mais evoluídas, à direita, com macacos de quatro patas, seguidos dos grandes macacos meio eretos e, enfim, o homem bípede.

– Excelente explicação. Vemos esse esquema por todos os lugares, mesmo nas publicidades e, infelizmente, em muitos manuais escolares. Eu percebo, inclusive, que você utiliza termos realmente apropriados como "evoluído" e "enfim". A *scala natura* retoma a ideia de evolução baseada na ontogênese desde a primeira célula até o homem, o que também supõe a ideia de um esquema ou de uma lei interna e, por conseguinte, de um objetivo ou de um fim, o que chamamos de "finalidade". Lamarck se apoia na escala das espécies atuais e – como dizer? – reverte-a no tempo.

– Não estou entendendo!

– Eu lhe disse que a *scala natura* é uma disposição linear das espécies atuais das mais simples às mais complexas. Lamarck faz dessa disposição uma história da vida, na qual as espécies mais complexas descendem de organismos mais simples ao longo do tempo. Ao colocar a escala diante "do muro do tempo profundo", com as bactérias embaixo e os homens no alto, você tem uma "ideia" da transformação das espécies, mas com o inconveniente de despertar muitos mitos antigos do pensamento ocidental.

– *Quais?*

– A *scala natura* evidentemente não é tão absurda assim. Ela propõe uma ordem hierárquica da diversidade do mundo vivo que encontramos nas classificações. Mas essa escala se funda nas espécies atuais e isso leva a interpretações quase sempre ridículas da evolução.

– *Por exemplo?*

– A mais conhecida: "o homem descende do macaco"; como se o homem tivesse escapado correndo dos macacos, enquanto estes últimos teriam deixado de evoluir, pois estavam fincados em quatro patas. Ainda ouço em minhas conferências esse tipo de pergunta: "Por que o macaco não evoluiu?". Ora, o homem não descende dos macacos atuais e estes últimos também evoluíram.

– *O que você está dizendo é lógico. Mas por que continuam a dar essa imagem da nossa evolução?*

– O verdadeiro problema vem do fato de ela supor uma lei interna à vida, como se a vida, desde as origens, perseguisse um objetivo: o advento do homem. Tal crença, oriunda de nossos mitos, pode ser encontrada nas grandes religiões monoteístas e em diversas tradições filosóficas do Ocidente. Ela permanece muito vivaz na paleontologia.

– Ainda hoje?

– Infelizmente, sim! Basta que você afirme, sem nenhuma demonstração científica, que descobriu uma lei interna que fundamenta a história da vida tendo o homem como objetivo final para que você seja publicado nos jornais e nas revistas, seja convidado para dar entrevistas no rádio e na televisão.

– Você pode me dar um exemplo?

– Para voltar a Lamarck e à transformação, usarei a cena do início do filme *A odisseia da espécie*, na qual vemos um possível ancestral do homem se erigir quando chega à savana.

– É o Toumai?

– Não, é outro fóssil encontrado no Quênia que se chama Orrorin. Então, vemos o Orrorin andar com os quatro membros e parcialmente ereto na beira da savana, e ali ele se ergue e se torna bípede. Alguém explica que é para ver melhor por cima da vegetação alta. É assim que a fabulosa aventura da nossa família teria começado, por um formidável gingado.

– *Mas é como a história do pescoço da girafa.*

– É inacreditável quanta transformação a savana arborizada provoca, seja a coroa das árvores para o pescoço das girafas ou a alta vegetação para a bipedia dos hominídeos! É o lamarckismo caricatural, já que encontramos ali ideias muito difundidas, como "a função que cria o órgão" e "a transmissão das características adquiridas". A primeira ideia supõe que se os indivíduos mudam seus hábitos, adquirem novas características. Isso exige que eles desenvolvam partes do corpo que já possuem e, sobretudo, não podemos ver como poderiam adquirir um novo órgão como o fígado, o baço, um módulo do cérebro ou um dedo do pé suplementar ao mudarem seus hábitos. Isso supõe que tudo preexiste, como na ideia da evolução baseada na ontogênese. A segunda ideia admite que se você faz musculação e desenvolve uma bela musculatura, você a transmitirá à sua descendência. Seus filhos serão magnificamente musculosos sem terem feito nada.

– *Isso seria formidável!*

– Concordo. Mas tanto eu quanto você tivemos de aprender a andar e a falar. Lamarck sabe disso muito bem. Zombaram de sua ideia de "tendência a se aperfeiçoar", mas, como vimos, essa ideia era, é, e permanece generalizada em nossa cultura e, infelizmente, ainda está muito presente nas ciências. O mérito de Lamarck foi ter entendido que as descendências se transformam com a junção da capacidade de se adaptar com as circunstâncias do meio, ou, para dizê-lo em termos mais modernos, os fatores do ambiente.

– Mas você parece bem crítico com relação a Lamarck, como em seu exemplo da origem da bipedia na savana.

– É importante fazer justiça ao mérito de Lamarck e colocar a sua contribuição à biologia no contexto de sua época. Eu não critico Lamarck com relação aos conhecimentos atuais, o que seria uma atitude estúpida. Eu recrimino os cientistas que se referem a suas ideias ultrapassadas no contexto das ciências atuais, e não o fazem por razões científicas. A ideia original de evolução, a que se baseia na crença de uma força interna que guia a história da vida, cria a convicção de que existe uma "verdadeira filogênese" que leva ao homem enquanto os múltiplos galhos da árvore da vida seriam desvios, acidentes, erros. Não é assim que podemos honrar a grande contribuição de Lamarck às teorias da evolução. Mas permanece uma lenda maldita de Lamarck.

Um grande erudito desacreditado pelas circunstâncias

– *Que lenda é essa?*

– Lamarck não está isolado e numerosos naturalistas, que chamamos hoje de biologistas, apreciam seu trabalho. Mas a ideia de transformação das espécies se opõe às concepções fixistas da natureza por razões religiosas, filosóficas e políticas. O gigantesco Georges Cuvier combate ferozmente as ideias transformistas de Buffon e, sobretudo, as de Lamarck. No entanto, Cuvier é o fundador da anatomia comparada, a disciplina que estuda as semelhanças e as diferenças entre a anatomia das diversas espécies. Ele também é um dos grandes pioneiros da paleontologia, a ciência das formas de vida e dos animais extintos. Essas duas disciplinas são indispensáveis para se compreender e reconstituir a evolução das espécies, mas Cuvier não consegue conceber que espécies possam se transformar para criar outras espécies. Ele faz tudo para demolir a teoria de Lamarck no plano científico e pessoal.

Ele não hesita em pronunciar um elogio fúnebre injurioso diante do corpo sem vida de seu desventuroso colega, o que escandaliza a Academia das Ciências. É o início da lenda do erudito maldito que fica associada à memória de Lamarck. É verdade que sua vida privada não foi fácil, principalmente em sua velhice, e sua relação detestável com Cuvier não ajudou.

– *Sua teoria foi esquecida?*

– Não, não é isso. Ela será prolongada e desenvolvida por Étienne Geoffroy Saint-Hilaire, que também se oporá a Cuvier em 1830 em uma das maiores controvérsias científicas, organizada pela Academia das Ciências em Paris, e que chama a atenção de toda a Europa. Infelizmente para Lamarck, a volta dos regimes políticos conservadores e o medo das consequências da Revolução Francesa na Europa, em particular na Inglaterra, não favoreciam sua teoria da mudança, exceto para os biologistas. Se as ciências da vida avançam rapidamente no decorrer do século XIX, as teorias transformistas ou evolucionistas ficam suspensas entre a publicação de *A filosofia zoológica*, de Lamarck, em 1809, e o surgimento de *A origem das espécies*, de Charles Darwin, em 1859.

Charles Darwin e a seleção natural

A juventude de Charles Darwin: 1809-1844

– *Quem é Charles Darwin?*

– Ele nasceu no dia 12 de fevereiro de 1809, em Shrewsbury, região central da Inglaterra, em uma família de médicos muito conhecida. Seu avô, Erasmus, não aceitou trabalhar como médico particular do rei, preferindo se dedicar a suas atividades científicas e poéticas, sobretudo como naturalista. Ele escreveu um livro chamado *Zoonomia ou a Lei da vida orgânica*, que trata da transformação das espécies.

– Então ele conheceu Lamarck?

– É bem possível, e até mesmo muito provável. Mas o pensamento de Erasmus Darwin é bem menos estruturado do que o de Lamarck, que, sob esse aspecto, merece a honra de ter proposto a primeira teoria coerente da evolução. Encontramos Lamarck frequentemente no decorrer da vida de Charles Darwin, que, além do mais, nasceu no ano da publicação de *A filosofia zoológica*.

– A família dele era rica?

– Sim, mas não era uma riqueza herdada, como na aristocracia, mas sim fortunas adquiridas pelo conhecimento e pelo trabalho. Os Darwin são liberais que participam do desenvolvimento da força da Inglaterra no século XIX pelo saber, pelo comércio e pelas indústrias. Eles entram em confronto politicamente com a sociedade mais tradicional oriunda da antiga nobreza ligada à religião anglicana. Charles cresce em um meio material e intelectualmente rico.

– Ele devia ser um bom aluno.

– Nem um pouco. Um verdadeiro diletante que, muito jovem, preferia passear e se interessava por insetos, como os coleópteros e escaravelhos. Ele tem curiosidade pelas coisas da natureza e também pelas ciências experimentais. Com seu irmão mais velho, Erasmus, faz experiências de química e, por isso, recebe o apelido de “Gás”. Seu professor zomba dele por passar o tempo inteiro envolvido com várias coisas e com os detalhes de tais coisas ao invés de ir direto ao essencial, mas ele não podia imaginar o quanto essa mania de detalhes contribuiria para a construção da teoria da evolução. Nesse meio-tempo, as coisas sérias começam a acontecer para Charles quando, aos 16 anos, seu pai, um médico conhecido, manda-o estudar Medicina na universidade de Edimburgo, seguindo uma tradição familiar.

Mas Charles mostra pouco interesse pela Medicina, decepcionado pela mediocridade das aulas, e passa mais tempo caçando e jogando cartas do que nos bancos dos anfiteatros. Ele mantém sua paixão pelas coisas da natureza e se envolve com um certo Robert Grant, que leu e certamente se encontrou com Lamarck.

É com ele que Darwin dá seus primeiros passos sérios como naturalista amador.

– É ali que ele tem contato com o pensamento de Lamarck?

– Grant tinha lhe falado sobre isso. Mas Charles nunca foi muito explícito sobre esse ponto e eu acho até que ele fez de propósito para não mencionar tal fato em suas memórias, sem dúvida por causa das reações da sociedade inglesa, tão hostil a tudo o que vinha de perto ou de longe da Revolução Francesa, tão detestada. E, como mencionamos, a teoria de Lamarck está associada a esse contexto. Charles fracassa em seus estudos de Medicina, o que desagrada demais seu pai.

– O que aconteceu depois?

– O doutor Darwin conhece a paixão de Charles pelas coisas da natureza. Por isso, ele lhe "sugere" estudar em Cambridge para se tornar pastor, pois essa profissão, que goza de um bom *status* social e é corretamente remunerada, deixa muito tempo livre. Nessa época, os mais apaixonados pelas coisas da natureza são os que frequentam a Igreja. Para entrar em Cambridge, é necessário ler e estudar o célebre livro de William Paley que se chama *Teologia natural, ou prova da existência e atributos da Divindade recolhidos junto das Aparições da Natureza*, publicado em 1802. Vale lembrar que a ideia fundadora da teologia natural é reconciliar os textos sagrados da Gênese com os avanços dos conhecimentos científicos. Charles ficará seduzido pelas surpreendentes demonstrações de Paley, como a célebre história do relógio.

– *Que história é essa?*

– Os avanços das ciências evidenciam as leis da mecânica celeste, como a da gravitação universal, de Newton, a da eletricidade, de Coulomb, ou ainda a da ótica, de Descartes. Descobrem-se também a anatomia e o funcionamento dos organismos, tão complexos. Tudo na natureza parece regido por leis e mecânicas sutis que, necessariamente, foram instaladas pelo gênio do Criador. O argumento do relógio proposto por Paley é o seguinte: se um dia você chega a uma ilha deserta e encontra um relógio, ficará maravilhado pela precisão e a fineza de seus mecanismos. Então você pensará, logicamente, que uma inteligência superior fabricou esse relógio. Nessa parábola, o relógio representa a natureza, e eu deixo você adivinhar quem é a inteligência superior.

– *Óbvio, é Deus!*

– Muitos acreditam nisso, e até mesmo nos dias de hoje! Vale lembrar que os relógios são feitos pelos homens. Se você aceita a ideia de uma ilha deserta na qual se encontra um relógio, não seria mais lógico dizer que alguém o esqueceu ali? Os relógios e a relojoaria têm uma história bastante conhecida, e eles não surgiram assim, por milagre, no meio de uma ilha deserta. Veremos que o mesmo acontece com todas as espécies – dentre as quais o homem –, graças aos trabalhos de Lamarck e de Darwin. Mas nesse período de sua vida, Charles parece impregnado pelas ideias de Paley, dominantes junto aos professores das universidades, em Cambridge ou em outro lugar. Ele termina tranquilamente seus estudos em Cambridge tendo adquirido, apesar de tudo, bons conhecimentos em ciências da natureza. Eis que está pronto para se tornar pastor.

– Ele vai realmente se tornar pastor?

– Não, graças a um evento inesperado.

– Um milagre?

– Não exatamente. Um de seus amigos, o professor Henslow, indica-o para embarcar como naturalista em um pequeno navio da Royal Navy. Nessa época, os grandes países europeus estão envolvidos na conquista de outros continentes e a Inglaterra se mostra muito empreendedora graças a sua famosa frota militar. Os navios são frequentemente fretados por comandantes oriundos da nobreza. Os nobres, mestres a bordo e consequentemente bastante sozinhos, têm o hábito de embarcar eruditos também oriundos de classes sociais superiores para lhes fazerem companhia.

Charles Darwin vai até Plymouth, em setembro de 1831, para encontrar o capitão Robert Fitz-Roy, um aristocrata muito conservador. Mas a tarefa não parece fácil, pois Charles não tem experiência – apesar de ter um nome conhecido – e precisa pedir a autorização de seu pai e... dinheiro para a viagem, por várias razões que incluem a compra de diversos instrumentos, e também de livros. Graças à intermediação de seu tio, Charles obtém o consentimento de seu pai e embarca no *Beagle* em dezembro de 1831.

A grande viagem do *Beagle*

– *O que ele fez ao longo dessa viagem?*

– Sua missão era, sob o pretexto de fazer companhia a Fitz-Roy, recolher todos os tipos de espécimes de plantas, de insetos e de animais, mas também de rochas. É assim, graças a Darwin e muitos outros, que serão constituídas fabulosas coleções de nossos museus de história natural. Charles se revela um observador apurado que vai descobrir, ou permitir a descoberta, de centenas de novas espécies vegetais e animais graças às milhares de amostras que vai dessecar, preservar no álcool, dissecar, naturalizar etc. Em cada escala em um grande porto, ele despachava caixas inteiras para a Inglaterra. Ali, Henslow e seus interlocutores se entusiasmam sem que Charles o saiba, e este, por sua vez, fica preocupado se perguntando se seu trabalho tem algum valor científico.

– *Onde ele fez todas essas descobertas?*

– No hemisfério sul, em particular na América do Sul e nos seus arredores, e no oceano Índico, com escalas na Austrália e um pouquinho na África. Enquanto o *Beagle* fazia escala em Montevidéu, no Uruguai, em 1832, ele recebia pelo correio o segundo volume de *Princípios de geologia*, de Charles Lyell, o fundador da geologia moderna. Encontraremos esse grande personagem mais tarde. É ele que, com esse livro, introduz o transformismo de Lamarck na Inglaterra, não para defender a transformação das espécies, mas para contestar o catastrofismo de Cuvier.

– *O que é o catastrofismo?*

– É a ideia de que a Terra vivenciou uma série de catástrofes no decorrer de sua história. São as "revoluções do Globo", segundo a expressão de Cuvier. Lyell, ao contrário, pensa que a Terra se modelou no decorrer de uma história muito longa e que as forças responsáveis por isso são as forças naturais que conhecemos hoje, agindo com a mesma intensidade. É o que chamamos de princípios de *atualismo* e *uniformitarismo,* que exercerão um papel considerável na futura teoria da evolução de Darwin. Lyell não sugere a intervenção de nenhuma força sobrenatural, nem da ação divina.

– *Foi também no decorrer dessa viagem que ele percebeu que as espécies podem se transformar?*

– Sim, por exemplo, com a descoberta, na Argentina, de um fóssil de tatu, um *Glyptodon,* que lembra os tatus atuais, ou quando ele encontra uma outra espécie de avestruz, sensivelmente diferente da que vive mais ao norte. Ele compreende que as espécies próximas variam no tempo e no espaço. Depois, tem o episódio que ficou conhecido das Ilhas Galápagos. Nesse arquipélago, ele observa rapidamente que em cada ilha vivem tentilhões

O homem não descende dos macacos, mas faz parte da mesma ordem de animais. E, com alguns deles, em especial o chimpanzé, compartilhamos um ancestral comum.

com tamanho de corpo e de bico diferentes de uma ilha para outra, e que o mesmo ocorre com as populações de tartarugas e lagartos, no que se refere a outras características, evidentemente. Cada ilha hospeda populações de tentilhões, tartarugas e lagartos com características distintas. O estudo dos tentilhões, que hoje chamamos de tentilhões de Darwin, revelará um pouco mais tarde que se trata de espécies diferentes e, sobretudo, que todas essas espécies provêm de uma única espécie de tentilhão que vive na América do Sul. Por conseguinte, a partir de uma única espécie vinda do continente, surgiram em diferentes ilhas várias outras espécies, cujo tamanho do bico e do corpo são adaptações. Um corpo pequeno com um bico longo e fino é mais vantajoso para pegar insetos e larvas; um corpo maior com um bico curto permite o acesso a frutas e grãos resistentes. Mas ainda permanece essa questão fundamental: como essas espécies adquiriram as características que lhes permitem se adaptar, ou seja, sobreviver melhor em um ou outro ambiente? Para a maioria dos naturalistas, as espécies e as populações foram criadas assim. Lamarck tentou introduzir outra explicação, mas sem ser plenamente convincente.

– *Será essa a obra de Darwin?*

– A descoberta da seleção natural, que vai absorvê-lo por mais de vinte anos.

A longa elaboração da teoria da seleção natural

– *Por que Darwin vai levar tanto tempo?*

– Logo que voltou da Inglaterra, em 1836, ele coordenou numerosos estudos de dezenas de especialistas sobre todos os tipos de coleção que apanhou em seu périplo. E depois, acima de tudo, publicou em 1839 *A viagem do Beagle*, que obteve um grande sucesso. Ele é reconhecido por seus pares, fica famoso e se introduz nas mais conceituadas sociedades eruditas, como a muito ativa Sociedade de Geologia, na qual encontra os maiores cientistas, entre eles, Charles Lyell. É eleito secretário-geral dessa entidade em 1838. Ele também está na idade de formar uma família e, depois de certa hesitação, casa-se com sua prima Emma Wedgwood, em janeiro de 1839, e, como a felicidade é algo que se multiplica quando é compartilhada, cada um recebe uma bela pensão de seus respectivos pais. Charles nunca se preocupou com questões materiais.

– Assim ele pôde se dedicar a sua obra?

– Desde 1837, ele começa a redigir seus famosos cadernos de anotações, entre os quais um sobre a modificação das espécies. Em 1842, faz uma síntese de 35 páginas, depois, em 1844, um ensaio de 230 páginas. Consciente da importância do seu trabalho, deixa uma carta solicitando a publicação desse ensaio caso ele desaparecesse.

– Como se fosse uma espécie de testamento? Mas ele ainda é jovem... Por que essa angústia?

– A partir dessa época, ele começa a reclamar de dores. Ainda hoje existem dúvidas sobre as causas de sua saúde deficiente. Sente enjoos, dores de cabeça e cansaço que o afetarão até o fim da vida. Pede demissão da Sociedade de Geologia em 1842 e instala sua família em uma grande casa em Down, cidade situada a aproximadamente 30 quilômetros ao sul de Londres. Não viajará mais, exceto para alguns tratamentos. Trabalha em seus cadernos de anotações e em sua teoria da seleção natural. Continua acumulando provas que consolidam sua teoria e, sentindo-se cada vez mais seguro quanto a sua solidez, discute sobre o tema com um círculo de amigos fiéis: Charles Lyell, o botanista Joseph Hooker e um formidável personagem que exercerá um papel considerável a partir de 1851, Thomas Huxley. Durante esses encontros científicos e amigáveis em Down House, Lyell diverte-se brincando com Charles quando diz: "Mas, meu caro amigo, é a teoria de Lamarck!"

– *É verdade?*

– De um ponto de vista histórico, Lamarck é quem inventa a ideia de evolução das espécies. Mas o que ele chama de "tendência a se aperfeiçoar" é ridicularizado por Darwin, o que é injusto. Lamarck ignorava de onde poderia vir essa capacidade que as espécies tinham em se adaptar e Darwin também se enganará sobre esse ponto.

– *Afinal, qual é a contribuição de Darwin?*

– A seleção natural.

A origem das espécies pela seleção natural

– *Você pode me explicar?*

– A ideia é muito simples: as espécies sexuadas são compostas de indivíduos diferentes uns dos outros. As crianças se parecem com seus pais e se parecem entre si, e ao mesmo tempo são diferentes umas das outras. É o que chamamos de variabilidade interindividual. É evidente que uma parte das características se transmite: elas são hereditárias. Contudo, se todos os indivíduos pudessem se reproduzir livremente, logo não haveria mais alimento suficiente para que sobrevivessem. Darwin se diverte ao calcular que se os elefantes se reproduzissem sem limites, as fêmeas tendo um bebê a cada cinco anos, em trezentos anos eles ocupariam a Terra inteira. Por conseguinte, existem fatores que limitam o tamanho das populações, e é isso a seleção natural.

– *Quais são esses fatores?*

– Como eu disse acima, trata-se do acesso aos alimentos, que não existem em quantidade inesgotável, e também dos predadores, dos parasitas e das espécies concorrentes. Como os indivíduos são diferentes uns dos outros, eles são confrontados a esses problemas em função de suas diferenças: alguns têm mais vantagens para se alimentar, outros, para resistir aos vírus, outros, para fugir dos predadores, outros, para dissimular etc. Dentre esses indivíduos, alguns não sobrevivem tempo suficiente e não se reproduzem;

outros se saem melhor e se reproduzem. É a seleção natural.

– De fato, é muito simples: somente os melhores sobrevivem.

– Mas preste atenção. Fala-se frequentemente da "sobrevivência do mais apto", o que é um erro. Pois como definir o melhor ou o mais apto? Fala-se também da "lei do mais forte". Critica-se muito a teoria da evolução pela seleção natural devido a esse tipo de expressão errônea. Eu vou lhe dar um exemplo simples e dramático. Em 1347, a Europa é atingida por uma terrível epidemia: a peste negra, que vem da Ásia. Morreram mais de uma em cada três pessoas. Podemos afirmar que somente os mais aptos sobreviveram? Antes da chegada da peste, as pessoas que não tinham a característica "resistir à peste" talvez fossem "as mais aptas". Mas o ambiente muda com a chegada da peste e as pessoas que por acaso tivessem a característica "resistir à peste" e que eram talvez menos aptas nas condições anteriores encontram-se "mais aptas" nessa nova situação. E depois, outra doença chega e tudo recomeça.

– Mas então isso não acaba nunca?

– Enquanto as populações de uma espécie mantêm diversidade suficiente, provavelmente existirão indivíduos suscetíveis de resistir a uma mudança de seu ambiente. Consequentemente, é como uma corrida que chamamos de "corrida da Rainha Vermelha", como na história de Lewis Carrol, *Alice no país dos espelhos*.

– Não tenho a impressão de que a seleção natural seja um conto para crianças.

– A designação Rainha Vermelha é inspirada em uma cena, no país imaginário, em que Alice corre sem ter a impressão de avançar, pois a paisagem avança com ela. Ela não entende porque deve correr sem parar. Ela encontra a rainha de copas, a Rainha Vermelha, que lhe explica: "Minha filha, nesse país deve-se correr o mais rápido possível para permanecer em seu lugar". É também assim com a sobrevivência das espécies: uma corrida incessante para se manter em um ambiente que muda o tempo todo.

– É uma corrida sem fim.

– A corrida não para nunca, pois a vida e a evolução são indissociáveis. Espécies desaparecem, extenuadas, e outras surgem. Para prolongar a ideia da corrida, é como correr os 100 metros rasos; deve-se correr cada vez mais rápido para ganhar e mais tarde, um belo dia, um outro campeão chega, e assim sucessivamente. O mesmo ocorre com as espécies. É um exemplo um pouco simples que mostra que a expressão "a sobrevivência do mais apto" não faz sentido. Será que o campeão olímpico que correu os 100 metros rasos em 10 segundos há 50 anos é um campeão menor do que o que ganha hoje em 9,73?

– Evidentemente que não!

– Concordo. Não existe o "mais apto" no absoluto e isso depende da corrida da qual se participa. Para uma espécie, ela consiste em se manter na comunidade ecológica com seus predadores, parasitas, plantas, condições meteorológicas desfavoráveis etc., o que representa muitos fatores de seleção.

– Então a peste selecionou pessoas que resistem a seu efeito. Isso quer dizer que depois disso a população não teme mais a peste?

– Somente uma parte da população. Os pais que resistiram à peste transmitem essa característica aos seus filhos. Mas, felizmente, a doença não atingiu todas as regiões e outras pessoas transmitem outras características, o que permite manter certa variabilidade. E, além disso, alguns possuem simplesmente mais sorte do que outros.

– Entendi: é a variabilidade que faz com que uma parte da população possa sobreviver mesmo se acontece uma mudança inesperada.

– É exatamente isso. Vou lhe dar outro exemplo conhecido. Na época de Darwin, os colecionadores de insetos procuravam por raros indivíduos pretos de um tipo de mariposa, a *Biston betularia*. Essas mariposas pousam nos troncos das bétulas, árvores que têm uma casca clara. Os indivíduos escuros são mais facilmente vistos pelos pássaros, o que conduz a uma seleção que favorece os indivíduos claros. Mais tarde, no fim do século XIX, o número de indivíduos pretos aumenta enquanto o dos mais claros, os mais conhecidos até então, diminui. Ora, com o desenvolvimento da revolução industrial, os troncos das bétulas ficaram cobertos de fuligem das fumaças das fábricas. Dessa vez, os indivíduos escuros foram favorecidos. E hoje, desde que se começou a prestar mais atenção à poluição, os troncos das bétulas recuperaram sua bela cor natural e as mariposas de cor clara dominam outra vez.

– Tem uma coisa que não entendo: antes da revolução industrial havia indivíduos escuros; por que, depois, os indivíduos claros ainda estão lá, apesar da poluição?

– Esse é evidentemente o ponto fraco da teoria. Compreendemos perfeitamente como a seleção natural age sobre populações de indivíduos diferentes uns dos outros, mas por que essa variabilidade se mantém, sobretudo se é a mesma seleção que opera de geração em geração? É essa a sua pergunta?

– É, isso mesmo, não faz sentido!

– Darwin e todos aqueles que defendiam sua teoria também ficavam desconfortáveis com isso, pois esse problema não passou despercebido para seus adversários. Charles conhecia bem o trabalho incessante dos criadores de animais que, para manter as características bem definidas de uma raça de cães, de pombos, de cavalos, ou até mesmo os agricultores que semeavam trigo, deviam, de geração em geração, afastar os indivíduos que não correspondiam aos critérios. Mesmo deixando os indivíduos mais padronizados se reproduzirem entre si, deve-se recomeçar em cada geração ou, em outras palavras, selecionar.

– Você disse "selecionar"! Isso tem alguma relação com a seleção natural?

– Claro que sim. Há mais de 10 mil anos, desde a invenção do mundo, os agricultores e os criadores de animais selecionaram uma diversidade surpreendente de variedades ou de raças de plantas e animais. Todas as raças de cães derivam de uma mesma espécie selvagem, o lobo. Todas as raças de vaca provêm de uma única espécie selvagem, o auroque, e assim sucessivamente para as centenas de variedades de pombos, galinhas, trigos, arrozes, chás, maçãs... A genialidade de Darwin foi ter entendido isso. A partir de uma mesma espécie ancestral, o paciente trabalho de seleção dos agricultores e dos criadores, servindo-se da variabilidade natural, produziu uma inacreditável diversidade de variedades animais e vegetais.

– Mas os agricultores e os criadores de animais fazem escolhas, eles selecionam de acordo com suas necessidades ou suas preferências.

– É aí que se encontra o problema: não existe um "selecionador na natureza". A seleção decorre do fato de que nascem indivíduos demais em relação aos recursos disponíveis e essa defasagem é o resultado de uma seleção.

Como você já entendeu muito bem, a expressão "seleção natural" refere-se à "seleção artificial" ou desejada pelos criadores de animais, porém não existe um "selecionador" na natureza.

– Tudo isso me parece evidente!

– Mas era necessário que alguém pensasse nisso. É exatamente assim que Thomas Huxley se exprime, na véspera da publicação de *A origem das espécies pela seleção natural*, ao exclamar: "Como não se pensou nisso antes?"

– Darwin foi realmente o primeiro a ter pensado nisso?

– Essa também é uma pergunta complicada, e ela é muito importante. Darwin, apesar de ser um trabalhador dedicado e de passar quase o tempo todo em seu escritório de Down House, recebia muitas visitas e mantinha uma intensa correspondência com centenas de pessoas: universitários, naturalistas, criadores de animais, intelectuais etc. Ele fazia parte de uma grande rede internacional de pesquisadores, da qual era um dos mais importantes atores e, nessa época, o avanço do conhecimento era muito rápido, seja na Paleontologia, na Zoologia, na Embriologia, na Botânica, enfim, todas as disciplinas científicas que animam os museus de história natural. Como Darwin podia se dedicar a suas atividades de pesquisa sem nenhuma preocupação – com exceção de seus graves problemas de saúde –, ele teve tempo suficiente para elaborar uma formidável síntese dos conhecimentos disponíveis para construir sua teoria. Mas não foi um gênio isolado, ele se nutriu dos trabalhos de seus ilustres predecessores, como Buffon e Lamarck, mas também de seus contemporâneos e, frequentemente, de amigos, como Thomas Huxley, Charles Lyell, Joseph Hooker e alguns outros, dentre os quais um certo Alfred Russel Wallace.

– *Quem é ele?*

– Um jovem que partiu, como muitos outros, para fazer uma viagem de naturalista. Wallace explora o Sudeste Asiático e as Ilhas da Sonda. Ele conhece a reputação de Darwin, com quem se correspondia havia algum tempo. É assim que lhe envia uma carta e um manuscrito que se intitula *Sobre as tendências das espécies em se afastar indefinidamente do tipo original*, que Charles recebe no dia 18 de junho de 1858, e na qual o jovem pede que ele considere uma teoria sobre a variação das espécies e sua modificação, e a possibilidade de publicá-la.

– E então?

– Foi um choque! Havia dois anos Charles começara a redação de seu grande livro sobre a seleção natural, e já tinha alguns capítulos prontos. Ele mesmo confessa que tem a impressão de ler, nos escritos de Wallace, um excelente resumo de seu manuscrito de 1844. Desestabilizado, ele escreve a Lyell para dizer que alguém passou a sua frente.

– E o que vai acontecer?

– Charles Lyell e Joseph Hooker sabem muito bem em que ponto se encontram as pesquisas de seu amigo. Unanimemente, decidem fazer um comunicado conjunto no qual consta a apresentação de uma nota de Darwin e uma de Wallace intitulada *Sobre as tendências das espécies em formar variedades e sobre a perpetuação das variedades e das espécies pelos meios naturais de seleção*, no dia 1° de julho de 1858.

– Isso deve ter provocado o efeito de uma bomba?

– Nada disso. A comunidade científica toma conhecimento desses artigos, mas sem nenhuma grande repercussão. No entanto, isso se torna um detonador para Charles que, incentivado por seus amigos, decide enfim publicar seus trabalhos em novembro de 1859, sob o título de *A origem das espécies por meio da seleção natural*. Nesse caso, sim, isso provocou o efeito de uma bomba. Os 1.500 exemplares são vendidos em um dia e o sucesso anuncia a amplitude das polêmicas.

– *Mas por que Darwin, e não Wallace ou até mesmo Lamarck?*

– Com o distanciamento da História poderíamos denunciar a injustiça feita a Wallace ou Lamarck. Apesar de não podermos refazer a História, a publicação da nota de Wallace sozinha teria passado despercebida, pois sua intuição não era tão bem argumentada quanto a de Darwin e, sobretudo, ele não era conhecido. Podemos lamentar tal fato, mas é assim. Por outro lado, sem a nota de Wallace, Darwin não teria se lançado, motivado por seus amigos. É um bom exemplo do modo como funciona a comunidade científica. Não existe genialidade isolada da sociedade de eruditos, como não existe espécie isolada da comunidade ecológica.

Lamarck *versus* Darwin

– Mas, no fundo, qual é a diferença entre Lamarck e Darwin?

– Lamarck entendeu que as espécies possuem capacidades para se modificarem, apesar de não saber qual é a origem de tais capacidades. Ele sabe também que o ambiente muda e que as espécies respondem a essas mudanças justamente graças a essas capacidades. A transformação das espécies é, por conseguinte, o resultado das interações entre os fatores do ambiente e as capacidades de aperfeiçoamento.

– Por que "de aperfeiçoamento"?

– Porque persiste essa ideia de transformação ou de evolução seguindo um esquema e pressupondo um tipo de melhora ou de progresso, uma ideia muito difundida na época, retomada hoje pelo antigo *escalismo*, o princípio da escala natural. Como aluno de Buffon, Lamarck conhece a diferença entre os indivíduos de uma mesma espécie, mas não diferencia o indivíduo e a espécie. Consequentemente, o indivíduo é ativo diante das mudanças do ambiente. Como vimos, ao modificar seus hábitos graças a sua capacidade de mudança, ele adquire novas características que transmite à sua descendência. Outra consequência lógica é que as espécies nunca desaparecem, elas se transformam. O grande problema é que o indivíduo, a espécie e a linhagem, compostos de espécies sucessivas, misturam-se.

A abordagem de Darwin é muito diferente. Ele parte do fato de que os indivíduos são todos diferentes uns dos outros. Eles se veem confrontados aos fatores do ambiente com suas diferenças – capacidade de resistir a alguns parasitas ou agentes patogênicos; tamanho do corpo, força ou rapidez; aptidão em melhor colaborar; preferências por alguns alimentos etc. – e, se algumas características são vantajosas, elas sobrevivem e são transmitidas a seus descendentes, se outras são desvantajosas e desaparecem antes da idade de reprodução, então não são transmitidas. Para Darwin, os indivíduos são passivos: eles têm ou não as características, e é por isso que podemos falar de seleção. Enfim, é a população ou a espécie que muda; é a "descendência com mudança".

– Não é tão simples, mas creio ter entendido. Mas, diga-me, nem Lamarck nem Darwin explicam de onde vêm essas variações entre os indivíduos.

– Sem dúvida. Critica-se Lamarck pela ideia de "transmissão das características adquiridas". A ideia das "características adquiridas" quer dizer que são o ambiente e os hábitos – ou a falta de hábitos – que modificam as características dos organismos e essas modificações se transmitem à geração seguinte. Mas Darwin não faz muito mais do que isso e recorre a uma teoria que retoma a mesma ideia: a *pangênese*. A ideia é que as variações selecionadas pelo ambiente influenciam a hereditariedade, como o tamanho do corpo, a força das cores dos pelos e das penas, o comprimento dos membros, o número de dentes etc. Submetemo-nos à influência possível do ambiente, pois nem sempre compreendemos de onde vem a variação das características.

– Mais uma vez, critica-se algo que se refere a Lamarck, mas não se faz o mesmo com Darwin!

– É verdade. O mais surpreendente nessa história é que, nessa mesma época, um monge e pesquisador isolado em seu país, Gregor Mendel, descobre as leis da hereditariedade. É o fundamento de uma grande disciplina científica: a genética!

– Então, na época de Darwin, era possível saber de onde vinham as características dos indivíduos?

– Mais uma pequena lição de como a ciência avança. Já mencionamos essa questão: um gênio isolado permanece isolado. Mendel faz experiências cultivando algumas variedades de ervilhas em seu monastério na Áustria, distante de toda a comunidade científica. Ele publica algumas monografias e muito rapidamente abandona suas atividades científicas da juventude para cuidar de sua congregação. As leis de Mendel serão redescobertas no início do século XX e, dessa vez, em um contexto científico mais favorável.

– Puxa, a ciência não é fácil.

– Mas é assim que avançamos e consolidamos os novos conhecimentos, compartilhando com os colegas. A longa elaboração da teoria da seleção natural deve tanto ao trabalho de Darwin, quanto às críticas severas de seus amigos e, claro, de seus oponentes. Para voltar a essa questão central da origem das características e de sua variabilidade, Darwin inventa outro modo de seleção: a seleção sexual. Fala-se muito pouco desse modo de seleção que ele propõe em 1871 em um livro chamado *A origem do homem e a seleção sexual.*

Uma fonte de variação: a seleção sexual

– *O que é a seleção sexual?*

– É a escolha que os indivíduos das espécies sexuadas fazem do(a) ou dos(as) parceiros(as) com os(as) quais vão se reproduzir: o modo como os machos preferem certas fêmeas e também como as fêmeas aceitam ou não alguns machos, o que chamamos de *competição intersexual* que opera entre indivíduos de sexos opostos. Existe também a competição entre os machos, de um lado, e as fêmeas, do outro, para afastar os concorrentes do mesmo sexo, o que chamamos de *competição intrassexual*. Esses "jogos amorosos", nem sempre muito delicados, existem em todas as combinações conforme as espécies ou até mesmo entre as populações de uma mesma espécie.

– *Você pode me dar exemplos?*

– O exemplo mais conhecido é o dos veados e das corças. O macho faz tudo o que pode para afastar os outros machos através de grandes demonstrações de poder: corre majestosamente, ruge de um modo impressionante – a brama –, agita suas grandes armações e agride qualquer outro macho que invada seu território. Como o veado quer se apropriar de várias corças e afastar os outros machos, ele deve ser forte e dissuasivo. Essa competição entre os machos seleciona indivíduos, cujo tamanho é o dobro das fêmeas, munidos de características ditas secundárias, cuja função é dissuadir e, se necessário, servir como arma de combate. A diferença do tamanho e da forma do corpo entre os machos e as fêmeas se chama *dimorfismo sexual*. É um bom exemplo do efeito da competição intrassexual.

– *Sempre funciona dessa forma?*

– É assim que funciona a partir do momento em que, em uma espécie, um sexo, mais frequentemente o masculino, tenta se apropriar de vários indivíduos do outro sexo, o que chamamos de harém *polígino*, ou seja, com várias fêmeas. Podemos citar os leões, os gorilas, os babuínos hamádrias, os elefantes-marinhos etc. Mas existem também haréns *poliandros*, por conseguinte, uma fêmea com vários machos, como os belos pássaros da família dos jacanídeos. Dessa vez, é a fêmea que é duas vezes maior. A competição intrassexual para manter um harém sempre cria um forte dimorfismo sexual, para ambos os sexos.

– E o que fazem os indivíduos do outro sexo, eles escolhem o mais forte?

– Não necessariamente, essa é a segunda etapa: a competição intersexual. Se as cervas não desejam o belo macho, elas vão procurar outro. Para os gorilas, as fêmeas decidem se colocar sob a proteção de um grande macho, mas se elas se decepcionam, mudam de harém. Também é possível que os machos sejam violentos com as fêmeas, como ocorre com os elefantes-marinhos ou com os babuínos hamádrias, apesar de não ser a regra.

– E como acontece com a escolha de parceiros nesse caso?

– Os efeitos da competição intersexual afetam toda a sedução: os cantos, os desfiles, as cores e às vezes a exuberância dos pelos e das penas. Os melhores exemplos vêm dos pássaros, como os magníficos galos-lira ou as belíssimas aves-do-paraíso. No período de reprodução, os machos brigam para obter uma boa localização, um pedaço de chão ou um galho bem ensolarado onde desfilam para atrair as fêmeas. São elas que escolhem seus parceiros e, então, selecionam aqueles que são capazes de seduzi-las, o que explica as cores, os cantos, as penas etc.

– Mas, diga-me, esses machos e às vezes essas fêmeas, ao ficarem tão expostos, não correm o risco de serem vistos pelos predadores?

– Eis uma questão recorrente que obcecava os teóricos da evolução, os que não sabiam muito sobre os hábitos animais. Quando um predador visa uma presa, ele se fixa nela e pouco se importa se os outros se agitam por perto. Se os predadores atacassem somente os indivíduos mais extravagantes e vigorosos, nós nos questionaríamos sobre o modo como eles conseguiram sobreviver antes de se reproduzirem. As presas não são complacentes e o trabalho dos predadores é arriscado. É exatamente por isso que eles preferem atacar indivíduos fracos, doentes ou distraídos. De fato, e é possível que isso surpreenda, uma espécie de presa, digamos, as renas, para citar um exemplo conhecido, vai mal quando seus predadores, os lobos, também vão mal. Ao eliminar os indivíduos mais frágeis, os lobos evitam a superpopulação, o desgaste dos recursos vegetais e a difusão de doenças. As consequências de sua predação tornam sua tarefa mais difícil.

Para responder a sua pergunta, citamos a "teoria da deficiência". Quanto aos indivíduos mais expostos, suas penas, desfiles e gritos barulhentos representam ao mesmo tempo deficiências para sua sobrevida e índices de seu vigor. Se eles foram capazes de desenvolver suportes tão espetaculares, isso prova que eles sabem onde encontrar os melhores recursos, defender um território e, sobretudo, gozam de excelentes condições individuais, sendo que uma parte é hereditária. Então a mensagem é dupla: sou um bom parceiro para os membros do outro sexo; sou um indivíduo difícil de ser pego pelos predadores. Nos dois casos, podemos dizer "tomem cuidado", mas não pelas mesmas razões.

– Mas não existem diferenças tão importantes entre os sexos em todas as espécies?

– Você tem razão. Aproveito para dizer que fiquei surpreso quando "especialistas da sexualidade" afirmaram que os machos teriam uma tendência natural a conquistar o maior número possível de fêmeas, enquanto essas, inversamente, deveriam escolher bem os raros e bons parceiros, pois devem chocar os ovos, no caso dos pássaros, ou garantir a gestação em seu ventre, no caso dos mamíferos, e mais tarde cuidar dos filhotes depois de seu nascimento etc. Existem espécies monogâmicas, muito mais junto aos pássaros, muito menos junto aos mamíferos. Nesse caso, não existe ou existe muito pouca competição intrassexual, mas existe uma escolha entre dois parceiros de sexos opostos e, por conseguinte, uma forte competição intersexual. Consequentemente, não existe ou existe muito pouco dimorfismo sexual, enquanto podem ser selecionadas lindas plumagens como no caso dos papagaios. A monogamia está ligada à necessidade de serem dois para criar filhotes que exigem muitos cuidados e proteção. A monogamia, rara nos mamíferos, é observada junto aos pequenos macacos da América do Sul, como os micos e os saguis. Existem inclusive casos de poliandria nos quais uma fêmea vive com vários machos, que cuidam dos filhotes.

– *Existem outros casos?*

– Claro. Existe uma grande diversidade de situações, mas com as mesmas regras em sociedades mais complexas, com vários machos e fêmeas adultos e seus filhotes. Se um casal estável dirige o grupo, como acontece com os lobos, existe pouco dimorfismo sexual. Se as fêmeas dominam, como é o caso das hienas, os machos não são muito maiores corporalmente. Se a competição existe entre os machos, mas com certa tolerância, eles são nesse caso um pouco maiores que as fêmeas, como os chimpanzés. Mas se a competição intrassexual torna-se mais intensa, observamos machos no mínimo 50% maiores que as fêmeas, como os babuínos.

– Você se refere somente à competição intrassexual entre machos?

– Não, pois mencionei os pássaros jacanídeos. Com os mamíferos selvagens, é excepcional que as fêmeas sejam maiores – em média – que os machos, como as hienas. Encontramos mais variações nos dois sentidos junto aos pássaros. Assim, para muitas aves de rapina que vivem em casal, como os urubus, a fêmea é muito maior que o macho. E no que se refere aos insetos, as fêmeas são frequentemente bem mais corpulentas que os machos. Para os mamíferos, podemos falar da difícil condição feminina; para os pássaros, isso depende das espécies; enquanto para os insetos a condição masculina é realmente perigosa, em particular para os louva-a-deus e os machos das aranhas.

Para que serve a sexualidade?

– *Pobres filhotes!*

– Você tem toda razão. De fato, de vez em quando nos perguntamos quais as vantagens da sexualidade. As fêmeas poderiam se reproduzir fazendo somente filhotes femininos garantindo de maneira mais eficaz a difusão de suas características, ao invés de desperdiçar uma parte produzindo machos. É o que chamamos de "fardo dos machos", ou, mais ironicamente, os "machos necessários". Conhecemos, por exemplo, espécies de lagartos dos desertos americanos com populações compostas unicamente de fêmeas. Elas se reproduzem por partenogênese, que é quando o óvulo se torna um ovo e se desenvolve para gerar um filhote sem a fecundação por um espermatozoide, ou seja, sem a intervenção de um macho. Em compensação, observamos essas fêmeas desfilarem como em outras espécies de lagartos nas quais os dois sexos estão presentes. O que quer dizer que essas espécies partenogenéticas tinham como ancestrais espécies sexuadas.

– *Mas então por que ter eliminado os machos?*

– Esses lagartos vivem em ambientes muito estáveis, com muito poucos predadores, concorrentes e agentes patógenos. Nessas condições, a variabilidade não traz nenhuma vantagem imediata, o que favorece a partenogênese. Mas não é assim que ocorre em ambientes mais complexos. Se um agente patógeno virulento surge em uma população homogênea, essa desaparece muito rapidamente. Assim, você pode compreender o papel dos machos: eles são reservas de variabilidade, onerosas e necessárias. Existem organismos que se reproduzem alternativamente sem ou com sexualidade, como esponjas, insetos e alguns outros dentre os vermes. Quando esses organismos colonizam um ambiente aberto sem contrariedades, eles escolhem a reprodução não sexual; mas a partir do momento em que o ambiente se torna mais competitivo, eles acionam a variabilidade e optam pela reprodução sexuada. As espécies com comportamentos mais complexos são todas sexuadas, como os pássaros e os mamíferos.

– Mas as plantas também têm uma reprodução sexuada?

– Totalmente. A sexualidade surgiu há mais de 2 bilhões de anos e isso corresponde a organismos mais complexos, compostos de células que possuem um núcleo, como as nossas, e encerram o material genético, suporte da hereditariedade. É também a emergência de ecossistemas com interações múltiplas entre os organismos de diferentes espécies. A sexualidade abre a corrida pela diversidade e inovação.

– *Mais uma vez, a Rainha Vermelha.*

– Você entendeu perfeitamente.

– *É ao mesmo tempo simples e complicado. Mas por que tantas diferenças nos animais?*

– Se você entendeu algumas das regras enunciadas, você pode decifrar mais facilmente todas essas variações sobre o tema da seleção sexual. A sexualidade tem uma função essencial: fazer que dois indivíduos diferentes se encontrem para fazerem filhotes diferentes. A escolha dos parceiros conduz à seleção de suas características, algumas dentre as quais serão transmitidas aos filhos, e também à mistura dessas características. A sexualidade exerce uma seleção sem eliminar os indivíduos, ao mesmo tempo que fabrica uma nova diversidade de indivíduos. Essa seleção faz que alguns indivíduos se reproduzam mais que outros e, consequentemente, transmitam suas características em maior quantidade à geração seguinte. Mesmo se os exemplos que eu lhe dei não eram tão bem conhecidos havia um século e meio, Darwin reuniu os exemplos de sua época e os integrou em uma teoria científica coerente, a da evolução, propondo os dois processos que são a seleção natural e a seleção sexual.

A morte de Darwin e a ressurreição de Lamarck

– Sabemos que os indivíduos são todos diferentes uns dos outros, que alguns são mais resistentes às doenças, que alguns têm sorte e outros não, ou que alguns têm mais sucesso que outros diante de indivíduos do sexo oposto. Por que tanto alvoroço em torno de Darwin?

– Por causa do homem e da ideia que ele tem de si mesmo. Na cultura ocidental, a da Bacia do Mediterrâneo, a da Grécia clássica e a das grandes religiões monoteístas, o homem ocupa uma posição particular. Para os filósofos, ele é um animal à parte, dotado de uma razão ou de faculdades mentais superiores que lhes são próprias; para as religiões, ele foi feito à imagem de seu criador. Darwin confronta todas essas tradições, afirma que o homem tem uma história natural e que teve ancestrais que não eram homens...

– *Outra vez "o homem descende do macaco"!*

– É exatamente isso. Darwin vai inclusive mais longe, propondo um programa de pesquisa que choca as crenças religiosas e as convicções filosóficas ao publicar, em 1872, *A expressão das emoções no homem e nos animais*. Em outras palavras, todas as faculdades superiores do homem, como a moral, a preocupação com seu próximo ou a simpatia, a representação do seu próximo ou a empatia, o riso, a raiva etc. provêm de uma história natural que compartilhamos com as espécies mais próximas de nós, por conseguinte, os macacos.

– *E daí?*

– Tanto ontem quanto hoje, pouco mencionamos esse livro genial. Isso ocorre também com seu livro precedente *A descendência do homem*, publicado em 1871. Esses dois livros deviam constituir apenas um e incomodam, pois instalam o homem e tudo o que ele é em uma história natural. Por causa disso, perdemos muito tempo, e vou lhe dar um único exemplo. A pré-história começa justamente nessa época, nos anos 1860-1870, com a convicção de que "o homem é a ferramenta". Ora, Charles Darwin cita os artigos de 1843-1844 de dois exploradores, Savage e Wyman, que tinham observado que os chimpanzés no oeste da África utilizam ferramentas de pedra para quebrar nozes.

– É inacreditável!

– Digamos que não se quer acreditar nisso. Perderemos um século, seja nas pesquisas sobre as origens do homem na África ou no estudo dos comportamentos das espécies mais próximas de nós, como os chimpanzés. Mas o mais surpreendente é que mesmo os amigos íntimos de Darwin, como Thomas Huxley e, sobretudo, Alfred Wallace, têm dificuldades em adotar a lógica evolucionista aplicada ao homem.

– A partir de quando a teoria de Darwin vai se impor na biologia?

– Em meados do século XX, pouco antes do centenário da publicação de *A origem das espécies*. Afora essa alusão, eu lhe proponho um pequeno resumo dos aspectos mais importantes da teoria de Charles Darwin antes de descobrir a evolução das teorias da evolução: A teoria de Darwin se fundamenta em três fatos evidentes admitidos por todo mundo: o excedente de produção de indivíduos em cada geração, a variação das características entre esses indivíduos e a transmissão ou hereditariedade dessas características. Os agricultores e os criadores de animais criaram milhares de variedades vegetais ou de raças animais a partir de algumas espécies selvagens, através de uma seleção, em alguns milhares de anos. Darwin transpõe esse mecanismo de variação/seleção na natureza e descobre a seleção natural que opera em uma muito longa duração, a saber, a da história da Terra.

– Mas os agricultores não inventaram novas espécies, somente variedades ou raças.

– Isso é verdade. Se nos posicionamos na natureza e nos instalamos na escala do tempo da evolução, as classificações que descrevem as relações de parentesco entre as espécies são a consequência da evolução. Pois, para Darwin, como para Lamarck ao seu modo, todos os organismos vivos provêm de um único ancestral comum, a partir do qual se diferenciaram no decorrer da história da vida. A paleontologia e seus fósseis fornecem as provas desse fato todos os dias, mas a biologia também, já que, como veremos, todos os

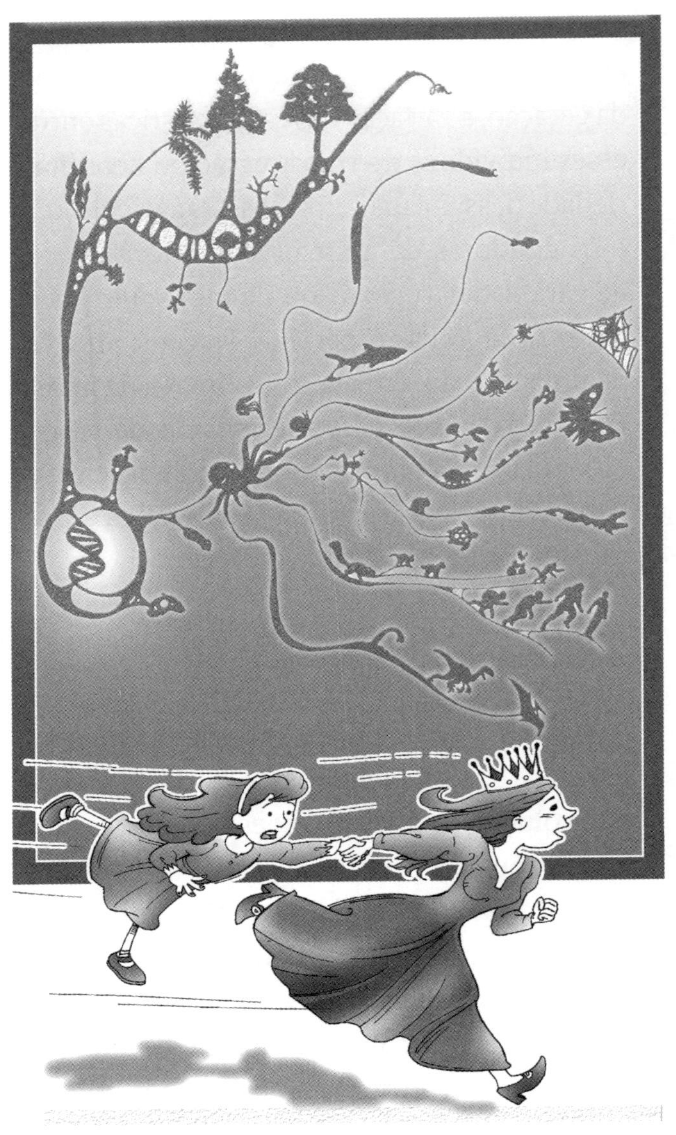

Como Alice na corrida da Rainha Vermelha, as espécies estão em uma corrida incessante para se manter em um ambiente que muda o tempo todo.

organismos vivos possuem os mesmos códigos genéticos, os mesmos aminoácidos etc.

Porém, permanece uma grande questão não resolvida: as origens da variação das características. A seleção natural e a seleção sexual operam sobre a variabilidade, mas sem que nem Lamarck nem Darwin saibam de onde provém essa variabilidade incessantemente renovada.

– Sua teoria não era devidamente compreendida mesmo no fim da sua vida?

– Isso mesmo, e ele tem consciência dos desvios de sua teoria. Ele morre em 1882. Uma cerimônia religiosa foi prevista para seu enterro. Uma última vez, seus amigos intervieram para que ele tivesse honrarias dignas de sua genialidade e de sua importância na grande Abadia de Westminster. Sua sepultura se encontra perto da de Newton. Naquele momento, o jornal *Times* homenageia a obra do "Newton da biologia".

– O que prova que é preferível ser Darwin na Inglaterra do que Lamarck na França.

A evolução hoje

A genética e suas consequências

– *Quer dizer que Darwin não descobriu tudo?*

– Claro que não, e o mesmo vale para Newton, Pasteur ou Einstein. Os que afirmam isso acreditando fragilizar a teoria da evolução não entenderam como a ciência funciona. Mas levou-se muito tempo, às vezes mais de um século, para se compreender coisas aparentemente simples escritas por Darwin.

– *Você me disse que um dos grandes problemas era a origem das características e sua variação.*

– Efetivamente, e para responder a essa pergunta, Lamarck, Darwin e outros supõem que o ambiente modifica as características e que essas modificações são transmitidas às gerações seguintes. Se você estiver de acordo, respondo primeiramente à pergunta sobre a transmissão das características adquiridas e depois à pergunta sobre a origem das características.

– *Estou ouvindo.*

– Foi Augusto Weismann quem solucionou essa questão ao... cortar o rabo de camundongos dos dois sexos.

– *Sério?*

– Ele deixou os camundongos se reproduzirem e, depois, o que você acha, os filhotes tinham rabo ou não?

– *Evidentemente que tinham!*

– Percebemos que a característica "rabo cortado" não foi transmitida à geração seguinte. Weismann é importante sobretudo porque evidenciou, graças às suas experiências, dois tipos de células: as células somáticas e as células germinativas. As primeiras são as do corpo; as outras são as que servem para a reprodução e que serão transmitidas a nossos filhos: os espermatozoides ou os óvulos. Somente estes últimos transmitem as características aos descendentes. Assim, nada do que pode acontecer ao nosso corpo – por conseguinte, às células somáticas – durante a vida encontra-se nas células germinativas, como também não se encontram nos nossos filhos. É o fim da ideia de transmissão de características adquiridas. Weismann publica um *Ensaio sobre a hereditariedade e a seleção natural*, em 1892. Nessa época, ele é um dos raros, como Russel Wallace, a sustentar a ideia de Darwin de que a evolução ocorre pela seleção natural em pequenas variações. Wallace defende o que ele chama de "darwinismo" e falamos de "neodarwinismo" ao nos referirmos a Weismann, pois ele inclui a hereditariedade na teoria da evolução.

– Entendo, mas isso ainda não explica a origem das variações das características.

– Em todo caso, isso afasta a ideia tenaz de que o ambiente ou os hábitos se encontram na origem da variabilidade das características. O ambiente não cria nada, ele simplesmente seleciona. A questão encontra sua resposta na descoberta das leis da hereditariedade, a genética. Existe também outra coisa muito importante que compreendemos nessa época: as características hereditárias da mãe intervêm do mesmo modo que as do pai na constituição dos filhos.

– Você está brincando?

– Nem um pouco, pois desde Aristóteles e a Grécia Antiga, um machismo arcaico predomina, e supõe que o óvulo é apenas um receptor no qual a semente do macho se desenvolve.

– Não consigo acreditar.

– O mais inacreditável é que essa crença é encontrada também no que se refere às origens do homem. Nesse meio tempo, Lewis Morgan desenvolve suas pesquisas sobre os cromossomos da mosca-do-vinagre e, no início do século XX, Hugo De Vries e outros redescobrem as leis de Mendel. Compreende-se que as características são transmitidas por "genes", apesar de não se saber, nessa época, o que são esses genes, como são constituídos.

– O que são essas leis de Mendel?

– Vou lhe dar um exemplo relativo ao homem. Você tem olhos azuis, eu tenho olhos marrons. Existe um gene que dá os olhos azuis e outro, os olhos marrons. Porém, não existe ninguém que tenha olhos marrons-azuis: é um ou outro. Mas pode acontecer de ambos os pais terem olhos marrons e um ou mais filhos terem olhos azuis: como explicar isso? Mendel descobriu que as características eram determinadas por genes, mas que alguns desses genes dominam os outros: fala-se de genes dominantes e genes recessivos. O "gene olhos marrons" domina o "gene olhos azuis". Assim, uma pessoa que tem olhos marrons como eu pode ter dois "genes olhos marrons" ou um "gene olhos marrons" e um "gene olhos azuis", este último não podendo se exprimir. Para ter olhos azuis, são necessários dois genes olhos azuis. Então, se os dois pais possuem "genes olhos marrons", eles não têm nenhuma possibilidade de ter filhos com olhos azuis. Mas se todos os dois têm olhos marrons, mas um "gene olhos marrons" e um "gene olhos azuis", então eles têm três possibilidades em quatro de ter um filho com olhos marrons e uma em quatro de ter um filho com olhos azuis.

– A genética não é nada simples, mas estou começando a entender melhor. Mas, diga-me, os genes recessivos nunca desaparecem?

– Nem todos são eliminados, é ótimo para alguns e não tão bom assim para outros. Recentemente, jornais anunciaram "o desaparecimento das louras" e, por conseguinte, dos olhos azuis. É verdade que a proporção de "louras com olhos azuis" vem diminuindo há um século, mas como é um gene recessivo, existem poucas possibilidades de ele ser eliminado.

– Por quê?

– É aí que entra a seleção sexual. Mesmo se as preferências sexuais fossem favoráveis aos indivíduos louros com olhos azuis dos dois sexos – o que não é o caso –, os "genes olhos azuis" sendo recessivos, eles escapariam em parte à seleção porque podem "se esconder" por trás dos genes dominantes. O que também sabemos é que quando um tipo de indivíduo torna-se mais raro – como se supõe para os louros com olhos azuis –, ele torna-se parceiro sexual mais desejado. É o que chamamos de "vantagem do tipo raro". Tudo isso permite, mais uma vez, manter a variabilidade.

– Então os genes recessivos não desaparecem nunca.

– Sim, mas não facilmente, e felizmente para os louros. Infelizmente, existem casos de genes recessivos que se mantêm sem que tragam qualquer vantagem, como os genes responsáveis pelo nanismo – os anões e suas desproporções –, ou pelo albinismo, esses indivíduos que são desprovidos de qualquer coloração da pele e dos cabelos, um gene que encontramos em quase todas as linhagens de mamíferos. É também o caso de doenças ditas genéticas sobre as quais falamos todos os anos durante o Teleton.[1]

– É verdade, é terrível. A genética não é nada simpática.

– Com certeza a natureza não é perfeita e, às vezes, o preço a pagar é alto para alguns indivíduos, e algumas vezes até para toda uma população. Vou lhe dar outro exemplo de genética mendeliana, o da doença dita "anemia falciforme". Os genéticos e os médicos observaram que populações humanas tinham tendência em desenvolver uma doença, a anemia, que faz que os glóbulos

---

1 Teleton, aportuguesamento de *telethon*, palavra que por sua vez é derivada da contração de "*television*" e "*marathon*". Refere-se a uma "maratona televisiva" de arrecadação de fundos. O autor menciona aqui um Teleton que ocorre anualmente na França com o objetivo de apoiar iniciativas ligadas às pesquisas e ao tratamento de doenças genéticas raras. (N. T.)

vermelhos do sangue se deformem, tomem um formato de foice, ou falciforme, fragilizando a saúde das pessoas atingidas. Percebeu-se também que essas pessoas resistiam melhor à malária, uma das doenças mais difundidas atualmente sobre a Terra. Estudos genéticos mostram que dois genes são responsáveis por ela, o gene normal, *A*, e sua forma alterada ou que sofreu mutação, *a*. Os indivíduos *AA*, que representam um quarto da população em cada geração, não sofrem de anemia, mas são sensíveis à malária. Os indivíduos *Aa*, que representam metade da população em cada geração, são afetados pela anemia, mas resistem à malária. Quanto aos indivíduos *aa*, o último quarto da população, eles morrem no decorrer da infância.

– *Mas isso é horrível!*

– É o que chamamos de "fardo genético", o preço que se paga em cada geração para que a população sobreviva. Hoje, conhecemos as causas dessa doença e isso permite à medicina e aos homens limitar seus efeitos dramáticos. Se você prestar bem atenção nos meios de comunicação, verá que a questão da malária e da anemia falciforme segue sendo um dos maiores problemas de saúde em nível mundial. Mas como isso se refere a populações que vivem em regiões pantanosas e úmidas, por conseguinte, frequentemente distantes dos países ricos e desenvolvidos, somos menos sensíveis a isso. Essas doenças existiram na Europa quando ainda havia muitos pântanos por aqui. A drenagem desses pântanos para transformá-los em terras cultiváveis fez que, no decorrer dos séculos, a vantagem dada aos indivíduos *Aa* desaparecesse, reduzindo a frequência do alelo *a*. Observamos também a mesma evolução nas populações da América do Norte descendentes dos escravos que foram arrancados de suas regiões de origem.

As derivas da genética

– Então cada uma das características que possuímos está associada a um gene em particular?

– Acreditou-se nisso e muitas características e suas combinações, como os grupos sanguíneos, vêm de tais genes. Fala-se de "genética mendeliana". Mas todas as nossas características, dentre as quais as mais importantes para a adaptação, como o tamanho do corpo ou o desenvolvimento do cérebro, provêm de combinações de genes e não de um único gene, o que algumas vezes leva muita gente a dizer grandes bobagens...

– Que bobagens?

– Recentemente ouvi dizer que alguns pesquisadores investigam o gene da bipedia ou o gene da linguagem ou até mesmo o da moral...

– É ridículo! Mas será que agora você pode falar da origem da variação das características?

– No início do século XX, os suportes da hereditariedade foram descobertos. Percebeu-se que esses genes se alteram – dizemos que eles sofrem mutação – e que essas mutações criam novas características, às vezes espetaculares. Descobriu-se que os efeitos de algumas mutações modificam consideravelmente o tamanho e a forma do corpo, o que chamamos de morfologia. Mencionei há pouco o efeito do gene recessivo ligado ao nanismo. É nesse contexto que emerge uma estranha ideia, a do "monstro promissor".

– Isso tem relação com o nanismo?

– Os anões não são monstros no sentido que atribuímos a esse termo, frequentemente pejorativo. Como também não o são todos os indivíduos que sofrem de Síndrome de Down, esse acidente que surge no decorrer da reprodução que faz que um indivíduo receba três cromossomos 21, o que pode acarretar consequências dramáticas. Mas algumas modificações dos genes ou dos cromossomos provocam mudanças morfológicas significativas. Em biologia, um monstro é um indivíduo cuja morfologia difere de modo surpreendente dos indivíduos ditos "normais". A ideia do "monstro promissor" supõe que um indivíduo possa ter uma mutação que lhe confere uma vantagem decisiva.

– *Um exemplo, por favor.*

– Citarei um exemplo recente, que foi encontrado em manuais escolares, para lhe dizer o quanto as falsas ideias se parecem com os maus genes recessivos: são difíceis de serem eliminadas. Então, vou lhe contar uma pequena anedota: um dia, um indivíduo se beneficia de uma reorganização cromossômica ou de uma mutação que lhe dá a bipedia, nada menos que isso, prontinha. É nosso monstro promissor, pois os outros indivíduos de sua espécie continuarão a andar de quatro, como os chimpanzés atuais. O que é incrível é que, evidentemente, apenas o macho dominante goza dessa bela vantagem e as fêmeas decidem se reproduzir somente com ele. Pois não basta simplesmente se beneficiar da mutação miraculosa: é necessário que ela se propague pela população e seduza os indivíduos do sexo oposto. Isso pressupõe que um único macho é capaz de seduzir todas as fêmeas...

– E daí?

– Eles tiveram muitos filhos, todos andaram em pé; e é assim que começa a aventura humana.

– Você está brincando comigo?

– Estou, mas não com você. É uma fábula do mesmo teor que a história do patinho feio e do conto de fadas, com um passe de mágica cromossômico ou genético. Além disso, você poderá observar que, nesse caso, somente o macho dominante contribui com a evolução, mais um arcaísmo de nossas sociedades sensíveis aos alardes do machismo. Afinal, por que você acha que dizemos evolução do homem?

Falando sério agora, esse tipo de fábula implica muitas dificuldades para as recombinações genéticas no que concerne aos cromossomos, ao desenvolvimento dos embriões e sobretudo às difusões dessa nova característica para toda a população. Além disso, existe a seleção sexual.

Genes, populações e evolução

– *Então podemos esquecer o monstro promissor.*

– Eu bem que gostaria, mas ideias tão estúpidas como essa sobre a evolução, em geral, e a evolução do homem, em particular, ainda podem surgir. Muitos biologistas ficarão tentados a observar a evolução somente no nível do gene, o que leva a discussões muito vivas e importantes, tanto ontem quanto hoje. De qualquer forma, no meio do século XX, os avanços da citogenética – o estudo dos cromossomos – e da genética levam à compreensão de que os genes, ao mesmo tempo, são o suporte da hereditariedade – a transmissão das características de geração a geração – e estão na origem de novas características graças às mutações, mas também graças às trocas entre os cromossomos no decorrer de diferentes fases da formação das células sexuais, os gametas, e da fecundação, o que gera novas recombinações genéticas, uma fonte considerável de variações. Esse progresso do conhecimento em genética é associado à elaboração de modelos matemáticos e leva ao nascimento de uma nova disciplina: a genética das populações. Compreendemos como pequenas mutações com efeitos limitados – adeus aos monstros e viva as diferenças – podem se difundir nas populações. Os genes são ao mesmo tempo o que garante a hereditariedade das características e a fonte da variabilidade das características.

– Se Darwin soubesse!

– Darwin evidenciou a dupla variações/seleção, mas ficou incomodado com a persistência dessas variações e com a emergência de novas variações. Elas provêm das mutações dos genes, de suas associações e de sua mistura no momento da formação das células sexuais ou gametas (as células germinativas) e também das recombinações no momento da fecundação. A essas fontes de variações moleculares, acrescentamos as variações comportamentais, ou seja, a seleção sexual, ou como os indivíduos de uma mesma espécie conseguem se reproduzir, tudo isso ficando condicionado aos fatores de seleção natural.

– Então não tem mais ligação direta entre um gene e uma característica?

– Essas ligações existem. Porém, em geral, os genes não se manifestam isoladamente. Se, como vimos, alguns genes são códigos para uma característica única – genética mendeliana –, a maioria dos genes tem efeito sobre várias características – o caso dramático do nanismo – e uma característica é mais frequentemente associada a vários genes, como o tamanho do corpo. A evolução, como vimos, é a descendência com modificação. Isso se torna mais preciso: a evolução é o aumento ou a diminuição do número de diferentes genes de uma população entre diferentes gerações.

– Não estou gostando disso: são os genes que evoluem e não os indivíduos?

– Não, os genes não evoluem: eles são transmitidos ao longo das gerações e às vezes sofrem mutação. O indivíduo também não evolui. Você e eu recebemos nossos genes no momento de nossa concepção, quando um óvulo e um espermatozoide de cada um de nossos pais se uniram. É o "genótipo", que não sofrerá alterações no decorrer de nossa vida. O que muda é nosso corpo, nossa aparência, o que chamamos de "fenótipo", e isso acontece todos os dias até a nossa morte. O que evolui, o que muda, é a população e, mais precisamente, o número relativo de genes de uma população no decorrer das gerações. É o que chamamos de *microevolução*.

– Então, somos simplesmente passadores de genes.

– Do ponto de vista da evolução, sim. É a nossa capacidade de deixar um número relativamente grande de crianças capazes de se reproduzir, o que chamamos de "sucesso reprodutor diferencial", que resulta na microevolução.

– Entendi. Nós entendemos tudo sobre a evolução graças à genética no decorrer do século XX!

– Não se precipite. Por volta da Segunda Guerra Mundial, um grupo de pesquisadores se reúne em Harvard, uma das maiores universidades americanas. Havia genéticos, paleontólogos e zoólogos. Eles expõem os avanços de suas disciplinas e decidem fazer uma grande síntese: é a *teoria sintética da evolução*. Esse evento considerável marca a renovação da teoria de Charles Darwin: o neodarwinismo.

– É um triunfo?

– Totalmente, mesmo porque vieram outras descobertas fundamentais, como a da dupla hélice do ADN (ácido desoxirribonucleico), em 1953, uma enorme molécula que é o suporte dos genes, e uma década mais tarde, a do código genético. Esse código genético se compõe de combinações de quatro bases, quatro grandes moléculas – adenina, citosina, timina e guanina – localizadas pelas letras A, C, T, G. Conhecemos, enfim, a origem das mutações, que são substituições de uma das letras A, C, T, G por outra, mais precisamente o A pelo T ou o C pelo G. O gene se reduz a longas sequências dessas moléculas alinhadas sobre os cromossomos. É evidentemente um triunfo, em 1959, para o centenário da publicação de A *origem das espécies*.

A teoria moderna da evolução

– *Você poderia me dizer outra vez qual é a situação atual?*

– A teoria da evolução pela seleção natural baseia-se em três aspectos fundamentais que ninguém contesta: a superpopulação, a variação e a hereditariedade. Todo mundo sabe que os animais não podem se reproduzir indefinidamente e, se você tiver uma gata ou cachorra, sabe que é impossível ficar com todos os filhotes de todas as ninhadas. Todo mundo sabe que os filhotes de uma ninhada são diferentes. Enfim, todo mundo sabe que os filhos se parecem parcialmente com seus pais, e assim sucessivamente.

Para a teoria sintética, a *unidade de variação* é o gene: mutações, combinações e recombinações de genes, remanejamentos cromossômicos etc. A *unidade de seleção* é o indivíduo: se sobreviver (viabilidade), ele pode se reproduzir e transmitir uma parte de suas características à sua descendência (sucesso reprodutor). A *unidade de evolução* é a população: é o número relativo de todos os genes que os indivíduos carregam, oriundo do sucesso reprodutivo diferencial dos indivíduos da geração precedente. Essas mudanças de geração em geração geram a microevolução.

– Podemos dizer que as populações se adaptam cada vez melhor?

– A teoria sintética marca a volta da seleção natural como o principal motor da evolução. Isso conduz ao "programa adaptacionista", um programa de pesquisa que admite que todas as características dos organismos – os genes, a anatomia, os comportamentos – são adaptações. As espécies distantes em termos de parentesco, mas que vivem em meios semelhantes, despertam nosso interesse. As asas dos pássaros, dos morcegos e dos pterossauros – répteis voadores dos tempos dos dinossauros – são respostas adaptativas similares – dizemos análogas – que respondem a um mesmo problema: se locomover no ar. Existe uma "convergência adaptativa", soluções análogas, mas adquiridas diferentemente. A asa dos pássaros é feita de penas implantadas nos ossos do braço; a dos morcegos se apresenta como uma membrana firme entre dedos muito alongados; a dos pterossauros também se compõe de uma membrana agarrada ao longo do corpo, do braço e de um dedo muito alongado.

– *É realmente um bom exemplo.*

– Eu poderia citar outros, como a forma de fuso do corpo dos animais marinhos que nadam rápido, como os golfinhos, os tubarões, os atuns ou alguns répteis dos tempos dos dinossauros, os mosassauros. Do mesmo modo, o alongamento das extremidades dos membros nos animais que correm muito rápido, como as gazelas, os cavalos ou os leopardos. Ou, então, o complexo estômago com várias câmaras dos ruminantes, como as vacas ou os macacos comedores de folhas; ou até mesmo o intestino grosso bem desenvolvido dos cavalos herbívoros e dos gorilas que gostam de folhas etc. A ideia do programa adaptacionista é que as populações estão em harmonia com seu ambiente. Em outras palavras, todas as características são adaptações em todos os níveis dos organismos.

– Vou provocar um pouquinho, mas isso me lembra alguma coisa.

– A Providência e a teologia natural! Evidentemente, o programa adaptacionista vai acrescentar muitos novos conhecimentos, mas vai acabar propondo interpretações ingênuas. Encontramos isso no que diz respeito às origens da linhagem humana. Por exemplo, todas as características que conhecemos dos grandes macacos africanos, como andar de quatro parcialmente ereto, os grandes caninos, os molares com fino esmalte etc., apresentam-se como adaptações à vida nas florestas tropicais úmidas. Por outro lado, a bipedia, os caninos pequenos, os dentes com esmalte espesso etc. são considerados adaptações à vida nas savanas arborizadas. Vai-se até mais longe na analogia. Observamos que os babuínos das savanas africanas possuem grandes caninos e são caçadores. Aplicamos esse modelo aos primeiros homens nas savanas, substituindo os caninos pelas ferramentas de pedra. A mais magnífica reconstituição cinematográfica dessa adaptação dos primeiros homens é a abertura do sublime filme de Stanley Kubrick: *2001, Uma odisseia no espaço* (1968). Contudo, não conhecíamos bem os comportamentos dos animais nessa época, em particular o dos chimpanzés e babuínos. Os chimpanzés caçam muito bem nas florestas e os grandes caninos dos babuínos não servem para matar suas presas, mas são usados na competição intraespecífica entre os machos. O programa adaptacionista acaba se tornando muito ingênuo.

Inevitavelmente, a teoria sintética, que marca um avanço formidável na progressão das teorias da evolução, em particular no que diz respeito às origens e à manutenção da variabilidade genética, deve evoluir. As grandes questões que emergem nos anos 1970 referem-se à paleontologia e aos ritmos da evolução e, mais uma vez, à origem, e não à variabilidade, das grandes adaptações, como a bipedia em nossa linhagem. Enfim, começamos a nos livrar da escala natural das espécies e da evolução gradual.

Os ritmos da evolução e os equilíbrios pontuados

– Você quer dizer que as espécies podem surgir e evoluir rapidamente?

– Uma das grandes questões da teoria da evolução é saber como surgem novas espécies e novas linhagens, o que chamamos de *macroevolução*. É nesse ponto essencial – pois você se lembra do título do livro de Darwin, *A origem das espécies* – que a teoria sintética encontra um grande problema. Pois a microevolução opera lentamente, gradualmente, ao longo das gerações. A teoria sintética defende a ideia apreciada por Darwin de uma evolução lenta e progressiva, que chamamos de gradualismo filético. A natureza não dá saltos! Passaríamos de uma espécie a outra somente depois de uma longa série de microevoluções. Essa ideia trouxe verdadeiras dificuldades, em particular para a linhagem humana, pois quanto mais fósseis eram encontrados, mais nos sentíamos incapazes de especificar as separações entre as espécies. Eu me lembro de um paleantropólogo renomado que, no início dos anos 1980, propunha que havia apenas uma única espécie desde os primeiros homens, os *Homo habilis*, até nós, os *Homo sapiens*. Uma única espécie em mais de 2 milhões de anos.

– *Não me vejo muito como* Homo habilis.

– Eu também no que me diz respeito, e imagino que os *Homo habilis* nos tenham visto como estranhos "monstros promissores". Muito claramente, desde a publicação de *A origem das espécies* por Charles Darwin, a teoria da evolução realizou formidáveis avanços, mas com um grande problema: a emergência de novas espécies, que chamamos de "*especiação*".

– *Não se tinha realmente a mínima ideia?*

– Tinha-se, claro, mas para isso era necessário ultrapassar Darwin e o que tinha se tornado um tipo de dogma da evolução gradual. Na época do desenvolvimento da teoria sintética da evolução, pesquisadores admitem a "especiação geográfica ou alopátrica". "Alopátrica" significa "em regiões geográficas separadas".

A ideia é que diversas populações de uma mesma espécie se encontram isoladas por uma barreira geográfica e que, se não há reprodução entre os dois grupos, o que chamamos de "ruptura de fluxos genéticos", as populações divergem e, no decorrer do tempo, não são mais interfecundas: temos, assim, duas espécies diferentes. O caso mais bem documentado é o da emergência dos homens de Neandertal na Europa, entre 500 mil e 120 mil anos atrás. Graças a uma série bastante completa de fósseis, seguimos a evolução gradual que nos leva aos homens de Neandertal, cujas populações ancestrais se encontravam mais ou menos isoladas pelas glaciações na Europa Ocidental.

– Então, quanto mais fósseis temos, melhor seguimos a evolução das linhagens.

– No caso da linhagem neandertalense, a abundância de fósseis sustenta o modelo gradualista de uma especificação geográfica. Mas não é sempre que esse esquema sobressai. Acontece que os paleontólogos observam uma série de fósseis com descontinuidades, sobretudo nos sedimentos marinhos cheios de conchas. Como essas observações são confirmadas em outros sítios nos mesmos períodos, devemos admitir que se dispõe de uma documentação suficientemente sólida desses organismos e de sua evolução (o que chamamos de "constante de recolta"). Baseando-se nesses dados, muitos paleontólogos, entre os quais Stephen Jay Gould, propõem a *teoria dos equilíbrios pontuados.*

– O que quer dizer?

– Que durante longos períodos as espécies mudam pouco. Elas estão em harmonia com seu ambiente. Depois chegam períodos de crise, as "pontuações", com fases de seleção intensa que geram rapidamente uma ou várias espécies. "Rapidamente", na escala da evolução, são dezenas de milhares de anos. É instantâneo para os paleontólogos, o que quer dizer que se tem pouca possibilidade de encontrar fósseis de formas intermediárias, que necessariamente existiram. Mas, com paciência, acabam sendo encontrados.

– Você falou de conchas. Mas é a mesma coisa para os grandes animais e para a evolução do homem?

– Eu disse há pouco o quanto a linhagem humana incomodava, pois não se conseguia marcar as separações entre as formas fósseis desde o *Homo habilis* até o *Homo sapiens*. A teoria dos equilíbrios pontuados permitiu resolver, parcialmente, essa dificuldade. Assim, em 1985, descobre-se um magnífico fóssil em sedimentos na margem oeste do lago Turkana, no Quênia. É um esqueleto quase completo – o que é muito raro – de um *Homo ergaster*. Trata-se de um fóssil de um jovem do sexo masculino datado em 1,5 milhão de anos e, surpresa, ele é alto, aproximadamente 1,70 metros. Comparativamente, os *Homo habilis*, mais antigos e contemporâneos, são bem menores, no máximo 1,30 metros. Parece, portanto, que esses grandes homens chegaram repentinamente no palco da nossa evolução, e é por isso que os chamamos de "recém-chegados". É aparentemente um belo caso de equilíbrio pontuado com relação a seu suposto ancestral *Homo habilis*.

– *Mas você acabou de me dizer que ele também era contemporâneo do* Homo habilis.

– De fato. Os *Homo habilis* são conhecidos na África entre 2,5 milhões e 1,6 milhão de anos atrás, e os *Homo ergaster* entre 1,9 milhão e 1 milhão de anos. Não há nada contraditório no fato de as últimas populações de uma espécie original serem contemporâneas às primeiras populações de uma espécie derivada. Aliás, você vive uma parte de sua vida com seus pais. Isso não seria possível no caso do gradualismo filético, mas totalmente concebível com a teoria dos equilíbrios pontuados. Para voltar ao surgimento de novas espécies – a *macroevolução* –, mencionamos a especiação peripátrica. É também a especiação geográfica, mas com pequenas populações situadas na periferia da repartição de uma espécie, e que podem evoluir muito rapidamente, o que chamamos de *deriva genética*. É certamente o caso entre o *Homo habilis* e o *Homo ergaster*, com populações instaladas nas savanas mais abertas, na periferia das savanas arborizadas.

– *Mas se o surgimento de espécies é tão rápido, temos poucas possibilidades de encontrar fósseis intermediários.*

– É verdade, mas com os equilíbrios pontuados, a ausência de fósseis torna-se justamente uma informação sobre o modo de especiação. É o que chamo de "paradoxo de Gould": se não encontramos fósseis, devemos nos satisfazer com o estado dos conhecimentos, nesse caso a teoria dos equilíbrios pontuados nos propõe uma explicação satisfatória. De fato, com o progresso na paleontologia, os fósseis permitem reconstituir processos de evolução. É um grande avanço, pois, durante muito tempo, as relações entre a paleontologia e as teorias da evolução não eram evidentes. A primeira aproximação realmente construtiva se faz no contexto da teoria sintética da evolução e, mais recentemente, sob a impulsão do célebre Stephen Jay Gould, entre tantos outros. É evidente que a teoria dos equilíbrios pontuados não resolve todos os problemas. Mas ela nos forçou a olhar as séries fósseis diferentemente. O "paradoxo de Gould" às vezes incomoda, mas esse não é o problema, já que isso nos levou a analisar a evolução das linhagens de outra maneira. Os que são céticos sobre as pontuações observaram mais sutilmente as séries fósseis. Temos um belo exemplo na evolução, muito complexo, dos antigos primatas nos sedimentos da América do Norte, com linhagens que, evidentemente, mudam de um modo contínuo, mas com ritmos muito diferentes.

– Isso me surpreende, pois os fósseis são, apesar de tudo, ligados à evolução.

– Muito frequentemente os consideramos como testemunhas da evolução, como as peças que estavam faltando de um quebra-cabeça e cuja imagem acreditávamos conhecer. Ora, a paleontologia conta a sua história das espécies, mesmo se pouco menciona os mecanismos da evolução. Muita confusão e desentendimentos vêm daí. Na teoria da evolução no sentido amplo, deve-se distinguir duas abordagens complementares. De um lado, tem o estudo dos mecanismos da evolução, o que fizemos até então: a seleção natural, a seleção sexual, os modos de especiação, a deriva genética, as fontes de variabilidade, a adaptação, a Rainha Vermelha etc. Do outro lado, tem a história da vida, que se inscreve no tempo e cujos fatos são os fósseis e as classificações, o que inclui as espécies atuais, pois suas relações de parentesco são a consequência da evolução. Em outros termos, existem pesquisas sobre "como a evolução pode ser feita" e "como a evolução foi feita". Todos os mecanismos que agem sobre a evolução das espécies ainda estão em ação na natureza atual, já que os observamos e não podemos reproduzi-los em laboratório. Por outro lado, para saber o que esses mecanismos provocaram no decorrer da história da vida, devemos nos submeter à sistemática e à paleontologia, em particular no que diz respeito aos ritmos da evolução.

– É verdade, você me falou pouco da história das espécies.

– Eu fiz de propósito, comecei pelo mais difícil. Agora que você sabe *por que* as espécies evoluem, vamos fazer uma pequena viagem na história das espécies e descobrir *como* elas evoluíram.

A quarta grande extinção, ocorrida há 205 milhões de anos, favorece a expansão dos dinossauros nos meios terrestres, aquáticos e aéreos.

As grandes etapas da história da vida

Das origens da vida aos primeiros vertebrados

– *A vida apareceu somente na Terra?*

– Os pesquisadores que se interessam pelas origens da vida encontraram vários modelos que permitem explicar a emergência da vida na Terra. É totalmente possível que moléculas orgânicas – os aminoácidos cujos encadeamentos formam nossas proteínas, os estratos elementares da vida – venham de outros planetas, como aquelas trazidas por meteoritos. Mas se a vida surgiu na Terra, em Marte ou em outro lugar, a questão permanece, apesar de as sondas enviadas a Marte, como você sabe, não terem revelado resquícios de vida, inclusive aquela que recebeu o nome de *Beagle* em homenagem à viagem de Darwin.

– *Então, sabe-se como ela surgiu?*

– Não exatamente. Mas os pesquisadores realizaram diversos tipos de experiências a partir do que se sabe sobre as condições químicas que reinaram na Terra há mais de 4 bilhões de anos. Diferentes gases estavam presentes, como o vapor d'água, o amoníaco e o metano, em uma atmosfera desprovida de oxigênio. Misturando tudo isso em uma proveta e enviando energia, como a de um raio, podem formar-se aminoácidos, grossas moléculas que encontramos em todas as nossas moléculas orgânicas e, em seguida, as proteínas que compõem todas as partes de nossas células, sem nos esquecermos do ADN. A experiência mais conhecida é a de Miller, em 1952, e outras experiências similares foram concebidas depois dessa. Assim, não faltam roteiros moleculares que relatam o surgimento da vida. Porém, não sabemos qual é o correto.

– *Mas, no fundo, o que é a vida?*

– Digamos que é o surgimento de moléculas muito grandes capazes de se duplicarem ou, se você preferir, de se reproduzirem. A vida se define por duas funções, a de reprodução e a de evolução. Pois a partir do momento em que as moléculas se duplicam, elas devem obter os elementos químicos necessários no ambiente no qual se encontram e, a qualquer momento, existe competição e seleção.

– Já é a seleção natural?

– Certamente. Detectamos traços de atividade biológica nos raros sedimentos conhecidos mais antigos, que foram encontrados na Austrália e na Groenlândia, datados de 3,8 bilhões de anos.

– Como eles são, esses seres vivos?

– São bactérias de todos os tipos, ditas algas azuis, verdes ou roxas. Muito rapidamente, três grandes tipos de seres unicelulares se separam, as bactérias arqueias, as eubactérias e as eucariontes, essas últimas sendo nossas células nucleares. Os unicelulares invadem os mundos aquáticos de 3,8 bilhões a 2,5 bilhões de anos atrás, um período chamado de Arqueano. Há biodiversidade e competição desde essa época. Esses unicelulares utilizam a fotossíntese produzindo um resíduo, o oxigênio. Foi assim que se constituiu nossa atmosfera com sua camada de ozônio, que atenua os efeitos dos raios ultravioletas e outras radiações. Essas novas condições favorecem a emergência de formas de vida mais complexas. O oxigênio é energia disponível e, a partir de 2,5 bilhões de anos, as células eucariontes utilizam a respiração dita aeróbia. As células eucariontes encerram seu material genético – o ADN e os cromossomos – no núcleo, com a invenção da sexualidade. Como vimos, a sexualidade permite gerar, ao mesmo tempo, o igual e o diferente. Tanto nessa época como nos dias de hoje, disputa-se um jogo de competição e de seleção molecular.

– Já é a corrida da Rainha Vermelha, se entendi bem.

– Mesmo os seres unicelulares devem correr o mais rápido possível para permanecerem em seus lugares. O que quer dizer que, mesmo se as bactérias dominam quantitativamente como matéria viva há 4 bilhões de anos, elas não são as mesmas. Os três impérios bacterianos das origens ainda estão presentes, mas sob formas renovadas incessantemente. É no nosso império, o dos eucariontes, que surgem novas formas de organização com os organismos pluricelulares, os metazoários, há aproximadamente 700 milhões de anos. Entramos no Pré-cambriano.

– É tarde com relação ao início da vida.

– Você nem imagina o quanto uma célula eucarionte, com a respiração e a sexualidade, é complexa. Inclusive, as eucariontes são células compostas pela associação – dizemos "simbiose" – de diferentes bactérias, como as mitocôndrias, que são responsáveis pelas trocas energéticas do conjunto. Você deve compreender que essas inovações poderiam nunca ter sido feitas. Aliás, a vida quase desapareceu diversas vezes, como no momento da grande glaciação de Vanger, há 700 milhões de anos, com a Terra quase totalmente coberta de gelo! Dito isso, dizemos *Big Bang* dos eucariontes para descrever a emergência da biodiversidade entre 2,5 bilhões de anos e o início da era primária, há 540 milhões de anos, um período chamado de Proterozoico, o que quer dizer "antes do surgimento dos organismos pluricelulares".

– Glacial!

– A vida vai passar por outras grandes catástrofes. Enquanto isso, organismos pluricelulares com corpo mole, animais e algas povoam os fundos marinhos, como as faunas de Ediacara na Austrália, datadas de mais de 600 milhões de anos. Depois entramos na era primária, com o Cambriano e "a explosão cambriana" de todas as formas de vida conhecidas encontradas nos famosos sítios de Burgess, no Canadá, ou de Kaili e Chengjian, na China, e de outras munidas de conchas, como em Tommot, na Sibéria, datadas de 530 milhões de anos. Assistimos à edificação dos primeiros ecossistemas com organismos fixos – algas e plantas –, animais rastejantes em fundos marinhos, como diferentes tipos de vermes, e outros capazes de se estimular, como medusas etc. Alguns desses organismos possuem espinhas, outros conchas, o que quer dizer que existem predadores e que é a corrida ao armamento.

Unidade da vida, inovações e contrariedades

– O que quer dizer "todas as formas de vida conhecidas"?

– Não se trata evidentemente de todas as espécies conhecidas, mas do que chamamos de "esquemas de organização". Um dos animais mais fascinantes do Cambriano se chama *Pikaia*. Seu corpo apresenta uma simetria bilateral ou, em outras palavras, duas partes idênticas separadas por um esquema: é um dos primeiros "bilatérios", como você, eu e a maioria dos animais que você conhece. Mais tarde, há 5 milhões de anos, surgem os sistemas esqueléticos. A coluna vertebral se torna a coluna óssea que sustenta o corpo dos vertebrados, o que favorecerá o surgimento de animais de grande porte. O que permanece do notocórdio constitui os discos de cartilagem situados entre nossas vértebras. Os primeiros vertebrados são, por conseguinte, os peixes.

– Então, se entendi bem, até o início da era primária, toda a história da vida se desenvolveu na água.

– De fato. Antes de sairmos das águas, vamos enfatizar a unidade da vida. Todos os seres vivos conhecidos – unicelulares e pluricelulares – possuem células construídas com proteínas – grandes moléculas – feitas de associações diferentes de vinte aminoácidos. As experiências sobre as origens da vida produzem 64 aminoácidos, mas apenas vinte deles, sempre os mesmos, definidos pelo mesmo código genético com as letras das moléculas A, C, T, G, geram a totalidade da árvore da vida. Existe, então, um ancestral comum a todas as formas de vida: LUCA (de *Last Universal Common Ancestor*). E a duplicação das moléculas graças ao ADN e seu primo ARN utiliza os mesmos processos químicos de regulação. CQD!

– *Mais um código genético?*

– Não. CQD é o anagrama "como queríamos demonstrar". Essa unidade de vida é magnífica, mas é também o que explica quais vírus são capazes de nos infectar ao colocar nosso ADN a seu serviço. A sexualidade representa um meio de evitar que animais complexos, que se reproduzem lentamente como nós, sejam eliminados por quaisquer tipos de micróbios que, por sua vez, reproduzem-se mais rápido atacando inclusive uma espécie com pouca diversidade. Uma consequência da sexualidade, como vimos, é permitir o surgimento de organismos mais complexos ao propor e ao fixar novas características. O que explica essa impressão de uma "explosão cambriana" de todas as formas de vida conhecidas.

– *Entendi. Será que podemos dizer que a evolução caminha para espécies mais complexas?*

– Ouvimos isso frequentemente. É inegável que surgem linhagens com organismos mais complexos, e cuja complexidade não teria podido emergir sem as aquisições precedentes. Mas isso não quer dizer que as etapas precedentes anunciavam as seguintes. Com os organismos pluricelulares, e mais particularmente com os animais, surge uma função muito complexa: o desenvolvimento. A partir de um ovo fecundado, ou seja de uma célula, desenvolve-se um organismo composto de bilhares de células.

– Você me disse que é daí que vem o termo "evolução".

– Exato, e com a ideia de que existe um programa idêntico que explicaria a evolução da vida, a filogênese. Devemos recolocar as coisas na ordem certa. A filogênese, que é a história das espécies, não se encontra na ontogênese, que é a história individual dos organismos. Por outro lado, a ontogênese restitui as etapas dos esquemas de construção que surgiram no decorrer da filogênese. Contudo, cada uma dessas etapas se torna uma obrigação que limita o jogo das possibilidades para uma espécie e as linhagens que descendem dela.

Tomemos o exemplo dos "bilatérios", como os insetos e os mamíferos, ou mais especificamente, as moscas e os homens. Descobriu-se que existem genes responsáveis pela simetria do corpo e pelo seu esquema de organização, os genes homeóticos. Esses genes arquitetos surgiram há aproximadamente 600 milhões de anos. Antes disso, não poderíamos ter previsto sua seleção. Em seguida, quando selecionados, eles se mantêm e evoluem, ao mesmo tempo que conservam sua função: fazer bilatérios. Mesmo se pudéssemos ter observado os primeiros bilatérios, teria sido impossível prever os milhões de espécies que surgiram e desapareceram desde então, apesar de todas possuírem o mesmo esquema de organização.

– Você quer dizer que uma mosca e um homem são feitos mais ou menos da mesma forma?

– Absolutamente, e essa é a mais bela prova viva da evolução! Uma mosca e um homem possuem genes homeóticos idênticos. A mosca e o homem, ou melhor, os insetos e os vertebrados, possuem um modo de desenvolvimento fundamental comum que se instaurou há mais de 600 milhões de anos. Nas experiências de manipulação genética, os pesquisadores substituíram um cromossomo da mosca pela parte correspondente do cromossomo de um homem e a mosca se desenvolveu normalmente.

A evolução dos vertebrados

– *Com os vertebrados a evolução vai ser mais rápida?*

– Temos essa impressão, mas as formas de vida surgidas antes continuam, por sua vez, evoluindo. Os primeiros vertebrados aquáticos apresentam uma grande diversidade de linhagens – tubarões, peixes sem mandíbulas, peixes com mandíbulas etc. Isso pode surpreender, mas é como a "explosão cambriana". Quando um novo tipo de organização aparece, é frequentemente com uma grande diversidade. Depois chega um período de seleção que elimina uma grande parte dessa diversidade, e a evolução dessa linhagem volta a se desenvolver a partir de algumas linhagens conservadas.

– *E nem sempre são as mais aptas.*

– Existem espécies e linhagens que adquirem vantagens em novas circunstâncias, outras que simplesmente têm sorte, enquanto outras, não. É o que acontece no decorrer das

Darwin era um trabalhador dedicado e passava quase todo o tempo em seu escritório, localizado em um vilarejo próximo a Londres.

grandes extinções, e a primeira atingiu a biodiversidade há 440 milhões de anos.

– Foi por causa de um meteorito?

– Desde que conhecemos a história do fim dos dinossauros, há 65 milhões de anos, só se pensa nisso. Mas a mais dramática não é a grande extinção. De fato, essa, como todas as outras, é a consequência de atividades vulcânicas catastróficas. As três primeiras grandes extinções ocorreram no decorrer da era primária e a mais severa de todas, a que marca a transição com a era secundária há 225 milhões de anos, elimina mais de 95% das espécies conhecidas.

– É melhor contar com a sorte.

– Mas antes do fim da era primária, uma linhagem de peixes se adaptou à vida aérea, quer dizer, fora d'água. É um belíssimo exemplo do modo como a evolução aconteceu. Há aproximadamente 400 milhões de anos, existiu um grupo de peixes, com nadadeiras edificadas sobre uma base esquelética. Várias linhagens desses peixes, chamados de crossopterígios, coexistiram, entre as quais apenas uma sobreviveu até os dias de hoje, o célebre celacanto.

– *As outras desapareceram?*

– Algumas linhagens sumiram, uma sobreviveu em águas profundas do Oceano Índico, o celacanto, e outras se transformaram, e você é um de seus representantes.

– *O quê?*

– Quando você come peixe, você sabe que não tem nada nas nadadeiras além de espinhas com uma membrana. Ora, nos crossopterígios, a membrana se fixa a um pequeno membro, um toco, sustentado por uma cadeia óssea. Distinguimos diferentes esquemas de construções desses esqueletos dos membros, entre os quais um com um osso que você conhece bem – o úmero ou o fêmur –, depois dois ossos – o rádio e o cúbito, ou o perônio e a tíbia – e nas extremidades, um número de dedos muito variável conforme as linhagens de vertebrados terrestres. O *eusthenopteron* é um desses peixes fósseis datado de 360 milhões de anos e, desde então, todos os seus descendentes – sejam os répteis, os pássaros, os mamíferos, entre os quais os macacos e o homem – conservam membros edificados com esse mesmo esquema: um osso, dois ossos e um número variável de dedos nas extremidades. Também temos aqui um magnífico exemplo da evolução: surgimento de várias linhagens com nadadeiras com bases esqueléticas sensivelmente diferentes; seleção – a segunda grande extinção; e sobrevida de somente duas linhagens, uma reduzida ao celacanto, outra destinada a um grande sucesso fora d'água, a dos vertebrados terrestres. Será que esse esquema estava "mais apto" do que os dessas duas outras linhagens? É difícil afirmar. Será uma questão de sorte? Impossível dizer. Além disso, tinha a competição com outros peixes, os ancestrais de todos os nossos peixes atuais.

– Então, eu tenho os genes da mosca e dos membros dos peixes. Mas os peixes não respiram. Como eles fizeram?

– O Devoniano, no meio da era primária, também é chamado de período do "continente das antigas argilas vermelhas". No decorrer desse período, os mares se retiram e liberam vastos continentes. Nossos crossopterígios, como outros, devem sobreviver em extensões de água que se fragmentam e ressecam conforme as estações e mudanças climáticas. Entre esses crossopterígios, alguns possuem um duplo sistema de respiração: brônquios para captar o oxigênio da água e pulmões para captar o oxigênio do ar. A evolução das nadadeiras e dos membros se inscreve em uma sequência de contrariedades evolutivas; o mesmo ocorre com os pulmões. A presença dos dois pode ser considerada um acaso; quer dizer, o encontro de dois eventos independentes. Inclusive, nem todas as linhagens de crossopterígios adquiriram pulmões – que derivam de uma modificação do desenvolvimento do esôfago – e, por conseguinte, um pulmão foi adquirido independentemente em outras linhagens de peixes, e sem nadadeira com base esquelética, como nas dipneustas atuais.

– Você usou o verbo "adquirir" referindo-se aos pulmões. É bem lamarckiano!

– Você marcou um ponto. Vimos que as características, as grandes adaptações, não surgem somente uma vez. Como os organismos complexos são levados pelos genes e pelos esquemas de construção herdados de uma história comum, encontramos adaptações similares. Mencionei, por exemplo, o estômago compartimentado das vacas ruminantes de grama e macacos comedores de folhas. É uma adaptação similar, mas não adquirida de um modo idêntico, de um ponto de vista genético ou embrionário, o que chamamos de homoplasias, que quer dizer "mesma forma". Quanto às nadadeiras com base esquelética, você entendeu perfeitamente que elas não apareceram no projeto de constituição de nossos membros. É um belíssimo exemplo de *exaptação* e de "remendos da evolução": uma característica ligada a um contexto anterior – o desenvolvimento de nadadeiras para nadar – e que, em novas circunstâncias, vai se modificar para oferecer uma nova adaptação – sustentar o corpo e ser usado na locomoção fora d'água.

– *Você pode me dar outros exemplos?*

– Dessa vez, no ar, com os dinossauros e os pássaros. A era secundária é o período dos grandes répteis, os dinossauros. Mas isso quase não foi assim. No início da era secundária, quem dominava era um grande grupo de répteis terrestres, que são os ancestrais dos mamíferos.

– *Como se sabe isso?*

– Porque eles têm um crânio cujo esquema de organização existe ainda hoje. Esse esquema não mudou há 200 milhões de anos na linhagem dita dos "répteis mamalianos" e de seus descendentes mamíferos, como nós. Quanto aos outros grandes grupos de vertebrados terrestres, eles possuem esquemas anatômicos do crânio diferentes e também estáveis desde essa época, como o dos dinossauros e dos pássaros, pois os pássaros são os dinossauros atuais.

– *Então eles não desapareceram.*

– Esse é outro belíssimo exemplo do modo como a evolução aconteceu. Primeiramente teve a dominação dos répteis, e uma linhagem deles resultará nos mamíferos. Mas a quarta grande extinção, ocorrida há 205 milhões de anos, favorece a expansão dos dinossauros nos meios terrestres, aquáticos e aéreos. Diversos grupos se adaptam ao voo, os pterossauros primeiro e os pássaros depois. Estes últimos são oriundos dos dinossauros de pequeno porte e muito velozes, os *Microraptors* e os *Velociraptors*.

– *Isso lembra* Jurassic Park.

– É exatamente isso. Mais uma vez, as aptidões de voo não se referem somente a uma linhagem. Nos tempos de Charles Darwin, descobriram o célebre *archeopteryx*, com um corpo, patas e um crânio de pequeno dinossauro, mas com membros superiores em forma de asas de pássaros e com penas; e hoje, conhecemos numerosos fósseis que comprovam uma diversidade de pequenos dinossauros com aptidões de voo, alguns dos quais com quatro asas, outros com duas, todas com penas.

– Se os ancestrais dos pássaros são dinossauros, então "as galinhas tinham dentes"!

– Podemos dizer assim. Diversas adaptações para triturar os alimentos surgem nesses "répteis no sentido amplo", no decorrer da era secundária, e persistem nos dias de hoje somente na goela dos pássaros e na mastigação dos mamíferos. Os pássaros e os mamíferos são muito ativos – um metabolismo elevado – e devem ao mesmo tempo conservar o calor de seu corpo quando estão descansando e, se a temperatura do ambiente estiver muito fria, liberar o calor quando se locomovem: é a termorregulação. As penas e os pelos servem para isso. Ora, as penas, os pelos e também as unhas, os cascos, as garras ou os chifres são compostos da mesma proteína, a queratina. Mais um desses surpreendentes "remendos da evolução". O desenvolvimento de penas e de pelos se inscreve em um mesmo processo de desenvolvimento, e pequenas diferenças genéticas fazem que, em um determinado estágio do desenvolvimento, obtenham-se penas ou pelos. Por conseguinte, penas e pelos foram selecionados em relação à homeotermia – fator de seleção natural –, mas como recobrem o corpo, também são influenciados por fatores de seleção sexual. O desenvolvimento das penas serve para ventilar o corpo, o batimento das asas pode servir para caçar insetos e outras presas, mas também nas exibições sexuais. Alguns desses dinossauros empenados viviam nas árvores, seus saltos e batimentos das asas criaram em alguns uma nova adaptação: o voo sustentado.

– Nunca mais verei os pássaros da mesma maneira.

– A história da vida é realmente surpreendente. Uma catástrofe, a quarta grande extinção, dá vantagem aos dinossauros e aos pássaros, depois vem a quinta grande extinção, a que leva à extinção parcial dos dinossauros no fim do Cretáceo. Mas essa não é a maior extinção, já que numerosas grandes linhagens tiram proveito dela para se desenvolver, em particular os pássaros e os mamíferos. Pois os mamíferos surgiram e se diversificaram nos tempos da dominação massiva, porém não absoluta, dos dinossauros. Quanto às causas, você as conhece, um grande meteorito que atinge a Terra no Golfo do México e, sobretudo, uma atividade vulcânica considerável no Decano, no nordeste da Índia.

Mamíferos e macacos

– Os mamíferos são uma sorte para nós.

– Podemos dizer que sim, mas do nosso ponto de vista, pois nos dias de hoje existem ainda duas vezes mais espécies de pássaros – consequentemente, de dinossauros – do que de mamíferos! Depois dessas reviravoltas, a Terra vivencia um período muito quente, que favorece a expansão das plantas que dão flores e frutos, a maioria das que nos cercam, os angiospermas. Imagine que as florestas quase se estendiam de um círculo ártico ao outro. Diversas linhagens de insetos, de pássaros e de mamíferos vão se adaptar a esse ambiente. Instaura-se um dos exemplos mais conhecidos de *coevolução*.

– Isso quer dizer que as espécies evoluem juntas?

– Isso mesmo, uma espécie não evolui sozinha, mas com a sua comunidade ecológica. Os angiospermas precisam de insetos para a fecundação das flores. Depois de fecundada com o pólen trazido por um inseto, a flor se torna um fruto. Esse fruto é comido por pássaros e, sobretudo, por macacos, mamíferos adaptados à vida nas árvores. Em seguida, no decorrer de suas andanças, eles dispersam os grãos e os caroços através de seus excrementos.

– *Seus o quê?*

– Suas fezes, vulgarmente chamadas de cocô! Desenvolveu-se uma grande interdependência entre as árvores e os macacos, a ponto de alguns grãos ou caroços somente amadurecerem depois de passarem pelo sistema digestivo dos macacos. Essa coevolução é ainda mais sutil. As árvores devem, como toda espécie viva, sobreviver e se reproduzir, o que chamamos, respectivamente, de viabilidade e sucesso reprodutor. A coevolução favorece as flores perfumadas e coloridas que atraem os insetos por meio da seleção de espécies de insetos sensíveis a elas e, por sua vez, esses insetos selecionam as árvores e as plantas que mais os atraem. O mesmo ocorre com as frutas muito doces e cheias de vitaminas, com suas belas cores que constituem um recurso alimentar muito apreciado pelos macacos comedores de frutas, ou frugívoros.

Os macacos vão desenvolver um gosto particular pelas frutas, selecionando as árvores que oferecem as frutas mais apreciadas etc. Nosso gosto para os alimentos doces vem daí. Por outro lado, as árvores precisam de suas folhas para respirar. De um lado, elas desenvolvem flores e frutas para garantir seu sucesso reprodutor, do outro lado, adquirem defesas químicas poderosas para evitar que outros insetos – como as larvas – e outros macacos comedores de folhas, ou folívoros, destruam sua folhagem. Esses produtos químicos secundários são os taninos e os alcaloides, verdadeiros venenos.

– Então como os macacos comedores de folhas fazem?

– Eles encontram soluções. Por exemplo, eles ingurgitam argila ou carvão, o que limita os efeitos digestivos negativos dos taninos. Eles acham um jeito de comer folhas de diferentes árvores, o que evita o envenenamento. Inclusive, o gosto deles evoluiu e detecta as substâncias tóxicas. É um pouco mais complicado para os macacos frugívoros, já que, para eles, o gosto é associado ao prazer e os incita a procurar frutas suculentas e, em geral, alimentos de boa qualidade. Nesse caso, o gosto é um convite a consumir, o que não é suficiente para detectar todos os alimentos perigosos. Então eles devem aprender a escolher, o que fazem os filhotes com suas mães, observando também outros adultos e adotando seus bons hábitos.

– Tenho a impressão de que estamos falando sobre nós, os homens.

– Também somos o fruto, sem jogo de palavras, de uma longa coevolução mais recente, mas que é muito próxima do que acabamos de ver rapidamente sobre os macacos. Inclusive, o que eu lhe contei não é muito conhecido e, ainda hoje, infelizmente, abordamos as origens e a evolução do homem como um caso à parte. Ora, toda a nossa história natural é profundamente ligada a tudo que mencionamos, desde nossos genes até nossos comportamentos, incluindo nosso cérebro.

– Você me conta?

– Outra vez. Como você aprendeu muita coisa, será ainda mais fascinante. Veja só, fiz como Lamarck, Darwin e Gould, grandes cientistas que acrescentaram muito à construção das teorias da evolução, mas que abordaram superficialmente a questão das origens e da evolução do homem.

– *Exceto Darwin com* A descendência do homem.

– É isso mesmo. Durante um século ignoraram o programa de pesquisa de Darwin, que queria inscrever também nossos comportamentos, a cultura e todas as nossas faculdades mentais ditas superiores em uma perspectiva evolucionista.

Conclusão
Sobre a importância de conhecer a evolução

– *Quando começamos a conversar, não achava que a evolução era ao mesmo tempo tão fascinante e tão complicada.*

– A teoria da evolução – eu deveria dizer as teorias da evolução – é uma das teorias científicas mais poderosas criadas pela genialidade humana. Como vimos, ela nunca deixou de evoluir com os avanços do conhecimento: o transformismo de Lamarck, a seleção natural e a seleção sexual de Darwin, a teoria sintética da evolução e, hoje, a teoria evolutiva do desenvolvimento, conhecida como *evo-devo*, que significa evolução e desenvolvimento, uma vez que integra a genética do desenvolvimento em uma verdadeira perspectiva evolucionista.

– Por que conhecer o passado é importante para nosso futuro?

– Existem várias razões. A primeira baseia-se simplesmente na necessidade de ensinar as ciências da vida como se ensinam outras disciplinas. Contudo, como disse acima, nada é verdadeiramente compreensível sobre a vida sem a teoria da evolução. A verdadeira questão é como ensiná-la. Essa teoria não é fácil e, da mesma forma que fizemos, deve-se explicar o que são os mecanismos da evolução – "como se faz a evolução" – e oferecer um relato do que foi a evolução – "como ela foi feita". Compreender de onde viemos é uma questão universal, e somente a ciência e a teoria da evolução propõem uma resposta universal, mesmo que ela ainda esteja incompleta.

– Entendo que é importante aprender o que são a vida e a evolução, mas no que isso poderia nos ajudar em nosso presente e nosso futuro?

– Vou começar pelo presente. Vimos o quanto os avanços das ciências e, em particular, das teorias da evolução, dependem do estado da sociedade que pode favorecer ou frear seu desenvolvimento. Nos tempos de

Buffon, de Lamarck ou de Darwin, e também nos tempos atuais, a teoria da evolução envolve questões de sociedade ou, no mínimo, suscita grandes debates na sociedade.

– Mas você sabe que na minha classe existem alunos que se recusam a acreditar na teoria da evolução?

– Eu sei. O problema, como você acabou de dizer, é que eles não "acreditam". Não se trata de crença, mas de ciência. Em uma democracia laica, tem-se o direito de acreditar ou não. Não se pode forçar. Por outro lado, eles não têm o direito de querer modificar os programas da aula de Ciências em nome de uma ou outra crença religiosa, muito menos agir para que, de um modo ou de outro, elimine-se o ensino da Biologia e da teoria da evolução. Vale lembrar que essa teoria, e todos os avanços dos conhecimentos em numerosas disciplinas científicas envolvidas, é um fato para mulheres e homens de diferentes países, de diferentes culturas, de diferentes educações, de diferentes religiões ou de incrédulos. Nesse sentido, a abordagem científica é universal.

– E a importância da evolução para nosso futuro?

– A evolução não se refere unicamente ao passado. Mesmo se ela não permite fazer previsões, a evolução que está acontecendo é obrigatória em função do que ocorre na natureza hoje. Porém, entre as milhões de espécies conhecidas, sem mesmo contar as desconhecidas, existe uma que pesa mais do que as outras: o homem. Por sua presença populosa e suas atividades, ele influencia dramaticamente o ambiente e a biodiversidade.

– É a história da "sexta extinção".

– Devemos a expressão "sexta extinção" ao paleontólogo queniano Richard Leakey. No decorrer de sua história, como vimos, a vida sofreu cinco grandes extinções, e outras mais limitadas, cujas causas são naturais: vulcanismos, correntes oceânicas, meteoritos etc. Pela primeira vez, a que vivemos deve-se a uma espécie, a nossa. Então, poderíamos nos perguntar para que serve a biodiversidade. De um ponto de vista evolucionista, sabemos duas coisas muito importantes: primeiramente, quanto mais há diversidade, mais existem possibilidades de que linhagens se adaptem aos períodos de crise; e, em seguida, as espécies ou as linhagens não evoluem sozinhas, elas coevoluem com as outras espécies, em outras palavras, com suas comunidades ecológicas. Consequentemente, mesmo que eu não possa lhe dizer o que será nossa evolução, se continuarmos a agir dessa forma, destruindo nossa biodiversidade e as comunidades ecológicas, estaremos criando situações que correm o risco de se voltarem contra nós. É aí que se encontra toda a importância de ensinar a evolução, pois podemos verificar no passado – sedimentos, paleontologia – as causas das mudanças evolutivas, o como e o porquê, e como sempre nas ciências...

– No estado atual dos conhecimentos.

– Muito bem! A questão não é saber se a vida vai continuar a evoluir – ela prosseguirá um caminho de um modo ou de outro. A verdadeira questão é fazer que estejamos nesse caminho, e para isso é absolutamente necessário saber de onde viemos.

– Darwin não teria se expressado melhor.

– Fico muito sensibilizado por esse elogio. Pois é o que a teoria de Darwin diz: na evolução, o que conta não sou eu, mas minha descendência com todas as suas belas diferenças. O melhor é nos separarmos com a última frase de *A origem das espécies*: "Será que não existe uma verdadeira grandeza nessa maneira de apreender a vida?" Cabe a nós sermos dignos dela por nossos netos.

SOBRE O LIVRO

Formato: 12 x 21 cm
Mancha: 19 x 39,5 paicas
Tipografia: Iowan Old Style 12/17
Papel: Off-white 80 g/m^2 (miolo)
Cartão Supremo 250 g/m^2 (capa)
1ª edição: 2015

EQUIPE DE REALIZAÇÃO

Capa
Estúdio Bogari

Imagem da capa
© Stdamos / Dreamstime.com – Charles Darwin Caricature Sketch Photo

Edição de Texto
Gisele Silva (Copidesque)
Mariana Pires (Revisão)

Ilustrações
Cícero Soares

Editoração Eletrônica
Sergio Gzeschnik (Diagramação)

Assistência Editorial
Alberto Bononi